第一次养鹦鹉就懂它

鹦鹉行为图鉴

[日] 矶崎哲也 主编　　刘晓冉 译

南海出版公司
2024·海口

前　言

亲爱的鹦鹉们，

你们是不是也有下列疑问与困惑呢？

"怎么把我的心情告诉主人啊？"

"那只鹦鹉的行为究竟是什么意思？"

"鹦鹉到底是一种什么样的动物呢？"

让我这只驰名鹦鹉界的"知识王"——灰鹦鹉老师，来解答这些疑问与困惑吧。

本书将全面介绍鹦鹉的习性、沟通方式以及表达心情时的身体语言，

还有奇怪行为的意义、身体的秘密等各种有关鹦鹉的信息。

只要记住本书的内容，

你就能度过一个更加充实的"鸟"生！

但是，这本书是我们的秘密，

千万不要告诉主人呀。

灰鹦鹉老师
矶崎哲也

请教教我们,灰鹦鹉老师

※ 漫画的阅读顺序为从右至左。

 **虎皮鹦鹉♂**
喜欢聊天的雄性鹦鹉。擅长模仿。

 **灰鹦鹉老师♂**
对鹦鹉的事了如指掌的学者。

 **粉红凤头鹦鹉** ♂
十分顽皮、爱玩的雄性鹦鹉。

 **绿颊锥尾鹦鹉** ♂
活泼、爱撒娇的雄性鹦鹉，也有淘气的一面。

目录

| 本书的使用方法 …………………… 14

第一章
鹦鹉的心情

鸟生主题便是"爱" ……………………… 16
专栏 专情的秘密 17
谁是"老大" …………………………………… 18
我最喜欢高处 …………………………………… 19
这里是我的领地 ………………………………… 20
就算只有我一只鸟,也不会感到孤单 …… 21
喜欢和你一样 …………………………………… 22
懂得察言观色 …………………………………… 23
我会说话 ………………………………………… 24
专栏 利用不同的叫声表达不同的心情 25
对第一次看到的东西很感兴趣 …………… 26
你是谁 …………………………………………… 27
我讨厌你 ………………………………………… 28
专栏 紧急调查 说说心中的排名 29
休息一下 30

第二章
鹦鹉式沟通

好想大声说"我爱你" ………………………… 32
我发现了有趣的东西 ………………………… 33

好开心啊	34
别闯进我的领地	35
我心情不好	36
我不开心	37
我最讨厌剪趾甲，快住手！	38
啊！吓我一跳	39
别留我自己一个呀	40
专栏 改善"呼叫"的方法	41
主人叫你时，你该怎么办	42
我想学说话	43
不知为什么，好想唱歌啊	44
那只鸟在边睡觉边讲话吗	45
模仿门铃声真有趣啊	46
好想被抚摸	47
我想结婚	48
专栏 鹦鹉的繁殖周期	49
不要丢下我	50
好想为主人梳理羽毛	51
我都出来了，就陪我一起玩吧	52
多跟我说说话吧	53
走开	54
专栏 主人被咬后的各种反应	55
我喜欢你，我讨厌你！	56
专栏 鹦鹉式沟通术	57
你怎么了	58
一直盯着主人看	59
我帮你挠痒痒吧	60
专栏 融入"前辈"鹦鹉的生活	61
两只鹦鹉聊天好开心啊	62
嘴对嘴喂食是爱的体现	63
休息一下	64

第三章
传达心情的动作

好想撒娇啊 ……………………………………… 66
我想吃饭 …………………………………………… 67
看看我呀 …………………………………………… 68
专栏 主人，请看看我 …………………………… 69
我准备好了，随时都能出门 ………………… 70
外面好可怕啊 …………………………………… 71
来玩呀，来玩呀 ………………………………… 72
这个已经玩腻了 ………………………………… 73
今天就玩到这儿吧 ……………………………… 74
你好烦啊 …………………………………………… 75
我还想玩 …………………………………………… 76
我一点也不想睡觉 ……………………………… 77
我想洗澡 …………………………………………… 78
洗澡好开心 ………………………………………… 79
看什么看 …………………………………………… 80
房间好脏，我要打扫一下 …………………… 81
我生气了！真是受够了 ……………………… 82
专栏 表达愤怒的方法 …………………………… 83
我比较厉害 ………………………………………… 84
看看我帅气的样子 ……………………………… 85
这里是我的领地 ………………………………… 86
我很厉害的 ………………………………………… 87
嗯，好想拔羽毛 ………………………………… 88
专栏 身体疾病还是心理疾病 ………………… 89
鹦鹉学测试 －前篇－ ………………………… 90
(休息一下) ………………………………………… 92

第四章
鹦鹉的奇妙行为

开心得不得了	94
好温暖,好幸福	95
我会巡视领地	96
脚好冷啊	97
身体膨胀,脑袋放空	98
假装吃饭	99
大口吃便便	100
专栏 食用营养丰富的饲料和青菜	101
阿……阿嚏	102
今天下雨啊,那就放松一天吧	103
用嘴敲敲敲	104
嘴巴好痒啊～	105
我在磨嘴巴	106
可疑的家伙!戳戳看	107
好热啊	108
有东西飘来飘去,追上去吧	109
咦,什么声音?	110
好困啊。哈～欠	111
这是哪里啊	112
专栏 出门好开心	113
那个家伙,看着好可怕	114
让我舔舔手吧	115
眼睛眨啊眨,停不下来	116
每天都好困啊	117
气死我了!我要发泄	118
衣服的口感真好啊	119
嗯……便便不出来	120
专栏 小便是怎么回事呢	121
拉了好大一坨便便啊	122
好想钻进狭窄的地方	123

撞上了看不见的东西	124
这是我的小窝吗？好兴奋	125
没完没了地下蛋	126
专栏 如果鹦鹉下蛋了，该怎么办	127
谁在镜子里呢	128
挖呀挖，挖地板	129
撕纸条，筑爱巢	130
躺在主人的手心里	131
好兴奋啊	132
专栏 有关"冠羽"的冷知识	133
天啊！好可怕	134
我很会聊天	135
休息一下	136

第五章
身体的秘密

鹦鹉的眼睛厉害吗	138
可以看到很多颜色吗	139
必杀技！反向眨眼	140
专栏 鹦鹉的眼睛其实很大	141
鹦鹉有鼻子吗	142
这是什么味道	143
好……好难受	144
鹦鹉是有耳朵的	145
给你看看我强壮的胸肌	146
鹦鹉的骨骼很轻	147
鹦鹉会储藏空气	148
好喜欢走路	149
用爪子吃饭礼貌吗	150
鹦鹉的嘴巴也很灵活	151
鹦鹉也有食物偏好	152
鹦鹉爱吃辣吗	153
正常体温 40℃	154
吃饭都是用吞的	155

鹦鹉有几个胃	156
专栏 食物的消化	157
身体会分泌油脂	158
鹦鹉也有头皮屑吗	159
叫得很大声	160
专栏 这时就要大声叫	161
珍贵的羽毛都掉了	162
专栏 各种各样的羽毛	163
休息一下	164

第六章 鹦鹉冷知识

鹦鹉的祖先真的是恐龙吗	166
灰鹦鹉老师也是鹦鹉吗	167
专栏 宠物鹦鹉大集合	168
野生鹦鹉生活在哪里	170
野生鹦鹉独自生活吗	171
鹦鹉中有没有百岁寿星	172
能从外观上分辨鹦鹉的性别吗	173
外观完全不同的鹦鹉会成为情侣吗	174
灰鹦鹉是学霸吗	175
不要再熬夜了	176
专栏 生活作息规律的鹦鹉	177
喂喂！别过来呀	178
专栏 鹦鹉的成长日历	179
高血压很可怕吗	180
总感觉……很郁闷	181
不想离开家	182
专栏 健康鹦鹉的诀窍——日光浴	183
鹦鹉能记住厕所的位置	184
能和其他动物共处吗	185
鹦鹉学测试 –后篇–	186

索引	188

本书的使用方法

本书采用了一问一答的方式，方便读者阅读。
由我（灰鹦鹉老师）解答各位鹦鹉的疑问。

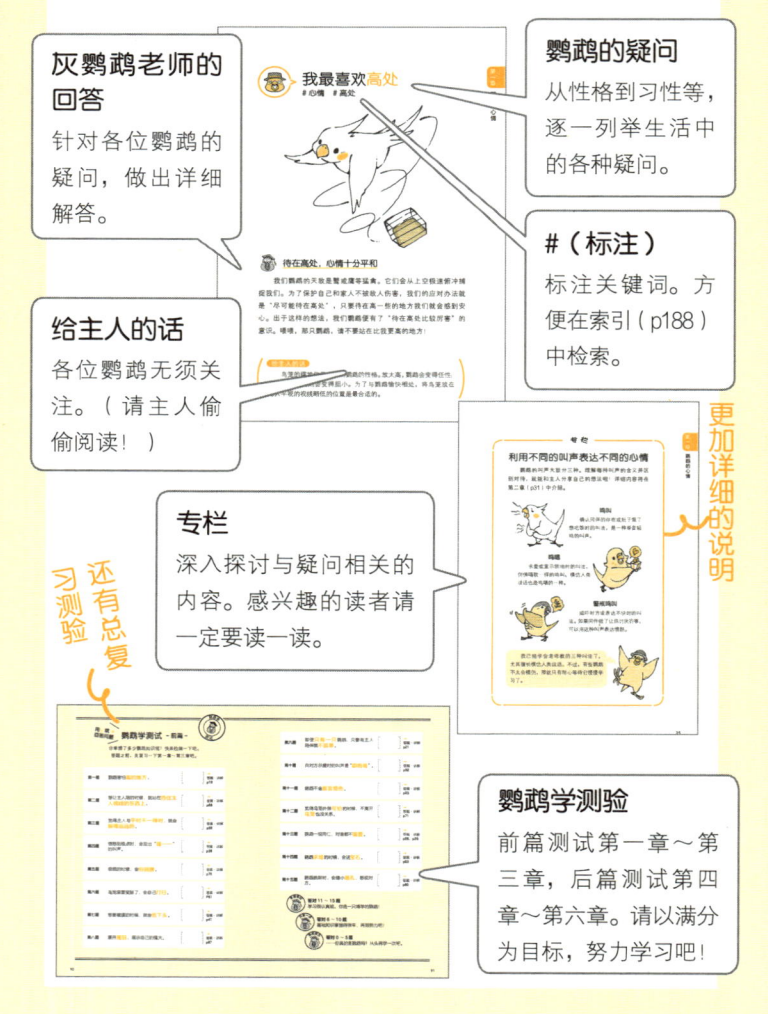

灰鹦鹉老师的回答
针对各位鹦鹉的疑问，做出详细解答。

鹦鹉的疑问
从性格到习性等，逐一列举生活中的各种疑问。

#（标注）
标注关键词。方便在索引（p188）中检索。

给主人的话
各位鹦鹉无须关注。（请主人偷偷阅读！）

专栏
深入探讨与疑问相关的内容。感兴趣的读者请一定要读一读。

更加详细的说明

还有总复习测验

鹦鹉学测验
前篇测试第一章～第三章，后篇测试第四章～第六章。请以满分为目标，努力学习吧！

第一章

鹦鹉的心情

鹦鹉的心情与行为源自本能与习性。
首先，让我们一起来了解鹦鹉的性格吧。

鸟生主题便是"爱"

#心情 #爱

 我们的一举一动，都是因爱而生

　　我们鹦鹉是专情的动物，一生只有一个伴侣。什么？你觉得这是理所当然的？不，其他动物可不是这样的。为了繁衍后代，很多动物都会经常更换伴侣，但是我们鹦鹉一辈子只有一个伴侣。你怎样向伴侣表达爱意呢？我们鹦鹉会通过鸣叫和肢体语言等各种各样的方式来表达。

> **给主人的话**
>
> 　　我们鹦鹉会用各种方式表达爱意。虽然有品种和个体的差异，但请仔细观察我们每只鹦鹉的爱情表达方式。也许有些行为会令主人感到困惑，不过那都是我们充满爱意的表现。

专栏

专情的秘密♥

我们鹦鹉专情的诀窍就是"育儿"。通过育儿,可以培养鹦鹉丰富的情感。

亲子之爱

各位鹦鹉,你们知道吗,人类也会养育孩子。尽管生孩子的方式不同,但我们鹦鹉也会精心养育孩子,直至它们健康长大!

雄鸟和雌鸟共同育儿

很多哺乳动物都将育儿的重任交给雌性,但鸟类无论抱蛋(温暖鸟蛋直至孵化的行为)还是喂食,都是由雌雄双方共同完成的。所以,无论雄鸟还是雌鸟,都会对孩子产生浓浓的爱意。

你了解我们专情的秘密了吗?"家族之爱"是让我们心意相通的关键词。只要理解了这份爱,就能从鹦鹉平时的举动中明白我们想表达的意思了。

 谁是"老大"

#心情 #对等

 重视平等关系，社会地位与我们无关

在狗等群居动物中，"首领"地位最高。它们构建了复杂的社会，按照实力依次排序，真是太麻烦了。虽说我们鹦鹉也是群居动物，却没有"首领"这一说。我们基本都是成对生活，群居不过就是夫妻一起生活。这就像人类的家庭一样，以家人为重，根本不需要分出高下。

> **给主人的话**
>
> 你是否也会为"我家的鹦鹉怎么不听话"而困惑？这是因为鹦鹉间不存在主从关系，所以鹦鹉完全没有服从主人的思维。既然对鹦鹉而言，大家是平等的，就请先建立彼此之间的信任吧。

 ## 我最喜欢高处
\#心情　\#高处

第一章　鹦鹉的心情

 待在高处，心情十分平和

我们鹦鹉的天敌是鹫或鹰等猛禽。它们会从上空极速俯冲捕捉我们。为了保护自己和家人不被敌人伤害，我们的应对办法就是"尽可能待在高处"，只要待在高一些的地方我们就会感到安心。出于这样的想法，我们鹦鹉便有了"待在高处比较厉害"的意识。喂喂，那只鹦鹉，请不要站在比我更高的地方！

> **给主人的话**
>
> 鸟笼的摆放位置会影响鹦鹉的性格。放太高，鹦鹉会变得任性；放太低，鹦鹉则会变得胆小。为了与鹦鹉愉快相处，将鸟笼放在比人平视的视线略低的位置是最合适的。

这里是我的领地

\#心情 　\#领地意识

 为了守护心爱之鸟，有强烈的领地意识

不要侵犯我的私人空间！我们有时情绪暴躁，是因为为爱而生的鹦鹉保护伴侣的意志十分坚定。我们会通过划分领地、制订行动规范来让我们感到安全、舒心。领地可以说是鹦鹉放松心情的私人空间。一旦被侵犯，谁都会生气的。如果出现了入侵领地的"坏鸟"，不要"爪下留情"，把它赶跑吧。

> **给主人的话**
>
> 　　为了"让领地住起来更舒服"，我们鹦鹉会花心思改善环境，比如将粪便扔出去，设法打造更加舒适的居住环境。读懂了这份心情，你也许就能理解鹦鹉的行为了吧。

就算只有我一只鸟，也不会感到孤单

#心情　#伴侣

挠一挠吧

  单独生活的鹦鹉，会把人类当作同伴

　　我们的同伴并非仅限于鹦鹉。只要有爱，我们也可以选择人类作为同伴。因此即使是一只鸟生活，我们也不会感到孤独悲伤。很多主人都会为"我家的鹦鹉和新来的鹦鹉相处不友好"而烦恼，那是因为，对于原来的鹦鹉来说，新来的鹦鹉是"入侵者"，这恰好是一个让鹦鹉烦恼的问题。

> **给主人的话**
>
> 　　你是否认为"有伴侣的鹦鹉不会孤单"，所以正打算迎接新鹦鹉进家？结果也许并不会如你所想那般大欢喜，原来的鹦鹉可能会因此变得极具攻击性。请三思而后行，慎重考虑是否要再养一只鹦鹉吧。

喜欢和你一样

\#心情 \#相同的行动

开吃吧

 想和同伴做相同的事情

"想和对方一样"的心情不一定是出于"爱",因为我们重视"和谐","和谐"是鹦鹉的本能。为了保护自己不受天敌伤害,野生鹦鹉需要搜集并交换情报、保持警戒或者奋起反击,所以我们过着群居的生活。与同伴行动一致,不仅能保护自己,还能获得安全感。出于这样的习性,与人类共同生活的鹦鹉会在主人吃饭时选择吃饭。与同伴采取相同的行动,会让我们觉得更安心,模仿主人说话也是相同的道理。

> **给主人的话**
>
> 如果你家的鹦鹉不肯进食,就请你当着它的面吃东西。也许它会模仿你的行为,从而少量进食。不过,没有食欲也可能是疾病导致的,请带它去医院检查一下吧。

懂得察言观色
\#心情　\#察言观色

 能共情他人的感受

　　主人高兴时，我就会开心地跳舞；主人情绪低落时，我就安静地陪在他身边。各位鹦鹉，你们也有这样的经历吧？这就是人类说的"察言观色"。原本过着群居生活的我们，能读懂对方的情感并做出相应的行为，共情能力可谓出类拔萃！这些行为都是出于"爱"，所以大家一定要仔细观察主人的情绪啊。

> **给主人的话**
>
> 　　根据人类的研究发现，就像"人类打哈欠会传染"一样，鹦鹉打哈欠也会传染，也许就是因为鹦鹉拥有共情能力，所以做出了相同的行为。

我会说话

＃心情　＃说话　＃模仿

 叫声是分享的方式

与同伴或伴侣交流时，鹦鹉会用叫声作为媒介。除了鸟类，能用声音或语言交流的只有人类和海豚等少数生物。但主人是人类，与我们语言不通。也许你的主人正在努力学习鹦鹉界的知识呢。请各位鹦鹉在任何场景下都与同伴多多沟通，共享心情。对于语言不通的主人，肢体语言是有效的沟通方式！

给主人的话

智商较高的大型鹦鹉虽然能和主人搭话，却未必能完全理解主人的语意，也许只是听到主人的述说后，做出的正常反应而已。

专栏

利用不同的叫声表达不同的心情

鹦鹉的叫声大致分三种。理解每种叫声的含义并区别对待,就能和主人分享自己的想法啦!详细内容将在第二章(p31)中介绍。

鸣叫

确认同伴的存在或肚子饿了想吃饭时的叫法,是一种单音轻鸣的叫声。

鸣唱

求爱或宣示领地时的叫法,仿佛唱歌一样的鸣叫。模仿人类说话也是鸣唱的一种。

警戒鸣叫

威吓对方或表达不快时的叫法。如果同伴做了让你讨厌的事,可以用这种叫声表达愤怒。

> 我已经学会老师教的三种叫法了,尤其擅长模仿人类说话。不过,有些鹦鹉不太会模仿,那就只有耐心等待它慢慢学习了。

对第一次看到的东西很感兴趣
#心情　#好奇心

 鹦鹉是追求新鲜、刺激的好奇宝宝

"虽然有点怕,但好想知道那是什么啊!"对于第一次见到的东西,鹦鹉会在好奇心的驱使下变得躁动不安。我们鹦鹉会仔细观察甚至啄咬在意的东西,全方位收集信息——这正是智商高的体现。因为头脑聪明,鹦鹉很喜欢有难度的游戏,比如搜寻食物的训练等,而且即使失败了,鹦鹉也不会轻易放弃。对于感兴趣的东西,请一定要观察探索。

> **给主人的话**
>
> 　　虽然我们好奇心很强,但平时会在固定的场所做固定的事,我们无法接受突如其来的环境变化。如果你想将新玩具放进鸟笼,请先将玩具放在鸟笼外让鹦鹉观察一会儿,这样我们才会安心玩耍。

你是谁
#心情　#分辨力

 根据记忆，认出曾经见过的人

眼前这个人，你曾经见过吗？我们鹦鹉会凭借视觉和听觉捕捉对方的特征，从而形成记忆。请试着打开记忆抽屉，或许就能从体形、发型、穿着打扮等信息中获知对方是谁。怎么样，想到了吗？哈哈，原来是主人。虽然人类也能通过特征进行辨认，但我们鹦鹉还有一项特殊的技能，那就是记住音色与音高。只要听到声音，我们就能分辨出那是谁发出的！

> **给主人的话**
>
> 　　我们的记忆力是不是比你想象的好很多？除了样貌、体形，我们还能清晰地记住语音与语调的差别。对我们来说，分辨出主人简直是小菜一碟。

我讨厌你
\#心情 \#好恶

 无论多喜欢对方，讨厌的事就是讨厌！

昨天还很喜欢对方，今天突然就讨厌它了，这是很正常的事。我们鹦鹉会有"喜欢"的感觉，当然也就会有"讨厌"的感觉。鹦鹉是很敏感的动物，可能会因一点小事而受伤。

无论多喜欢对方，讨厌的事就是讨厌！如果对方做了令你讨厌的事情，无须勉强亲近，保持距离就好。遇到麻烦的人，比如大嗓门的人、行为粗鲁的人，也可以用相同的方法对待他们。

给主人的话

我们不会无缘无故地讨厌主人。可能是因为"被忽视""被冷落"等原因才变得讨厌主人的。在叛逆期或发情期，我们也可能变得具有攻击性。

专栏

紧急调查
说说心中的排名

对于共同生活的同伴，鹦鹉有自己的喜爱度排名。各位鹦鹉，来说说你们心中的排名吧。

玄凤鹦鹉的喜爱度排名

第一名 **爸爸**
陪我玩，还能保持社交距离。最喜欢爸爸。

第二名  **妈妈**
又喂饭又陪玩，好喜欢妈妈！

第三名 **姐姐**
非常照顾我，偶尔有点烦，不过还是很喜欢。

第四名 **弟弟**
有时会欺负我 不太喜欢他……

为什么爸爸排第一名呢？其实，也没有什么特殊的理由（笑）。喜欢爸爸的鹦鹉好像还挺多的。有的鹦鹉说，比起辛苦照顾自己、时刻关注自己的妈妈，安静地坐着、其他什么都不做的爸爸更让它有安全感。每一只鹦鹉的好恶只有它自己才知道。

休息一下

猜猜我是谁

重视同伴

第二章

鹦鹉式沟通

如何与主人或同伴保持良好沟通。

# 好想大声说"我爱你"
#叫声　#噼咯咯

 "噼咯咯"地叫，这是在唱情歌

如果把爱藏在心底，对方是不会知道的。想要表达爱意时，就发出"噼咯咯"的叫声，唱一首情歌吧。你的美妙歌声一定会迷倒同伴的。这个诀窍，不仅对主人同伴有效，对心仪的鹦鹉同伴也屡试不爽。不过，这首情歌一般只唱给一生挚爱。顺便一提，这种叫声在宣示领地的时候也可以使用。

给主人的话

示爱是鸣唱的一种。如果家中的鹦鹉向你表达爱意，请务必回应它。能得到心爱的主人的宠爱，是我们的幸福！

我发现了有趣的东西
\#叫声 \#叽叽

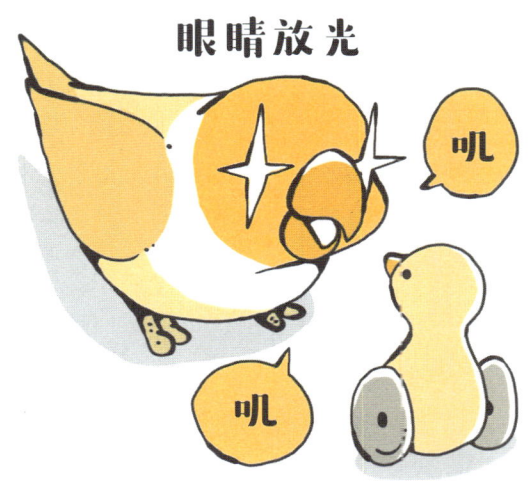

眼睛放光

叽

叽

 有趣的发现让你情不自禁地叫出声

咦？好像听到了"叽叽"的叫声……鹦鹉似乎发现了什么有趣的东西。我们鹦鹉好奇心十分旺盛，经常在寻找有趣的东西，一旦发现，就会兴奋地发出"叽叽"的叫声，就像人类在喊"太好啦"。不过，那并非我们有意识发出的，而是情不自禁地脱口而出。啊，那种地方竟然有虫子……太有意思了吧！叽叽叽！

> **给主人的话**
>
> 这是鸣叫的一种。鹦鹉每天都在追求刺激，为了不让我们感到无聊，请多准备一些玩具，并且每周进行更换。当好奇心被激发，我们就会发出"叽叽"的叫声。

好开心啊
\#叫声 \#咕咕咕

 洋溢着幸福的"咕咕咕"

玩着喜欢的玩具，不自觉地就会发出"咕咕咕"的叫声。各位鹦鹉，请回忆一下，你们是否有这种经历？当感到开心的时候，你应该也会发出声音吧。另外，看到家人在笼子外面玩得很开心的时候，你也会跟着开心吧，这个时候，不妨用叫声表达"我也很开心"。如果感受到你的开心，主人也许会觉得有你更幸福呢。

给主人的话

开心的时候，人类会发出"嘻嘻嘻"的笑声，我们则会发出"咕咕咕"的叫声。这是鸣叫的一种。当听到鹦鹉这样叫的时候，请对它说"你很开心吧"，并和它一起分享幸福的感觉吧。

别闯进我的领地
#叫声　#喀喀喀

 威吓对方的时候，"喀喀喀"很有效

好像有不明生物闯进了你的领地。在自己的领地里，态度就要强硬，大胆地用"你来干什么"威吓对方吧。威吓的叫声就是"喀喀喀"。配合激动的情绪大叫，效果更好！哎呀，怎么感觉不明生物的"真实身份"好像是主人的手呢。但是，即便是主人，入侵了领地也是不争的事实，所以大声叫吧！

给主人的话

威吓的叫声，是一种警戒鸣叫。我们鹦鹉的领地意识很强，对入侵者十分敏感。很多鹦鹉都是冲动、冒失的，即使面对比自己大的鹦鹉，也会毫不畏惧地威吓对方。

 # 我心情不好
#叫声　#呜——

 用"呜——"告诉对方"我心情很糟"

有时候会莫名其妙感到心烦意乱。心情不好的时候，甚至会对心爱的主人发起攻击。这种时候，请尝试发出"呜——"的叫声提醒对方。有些主人会马上询问"你怎么了"，但这时最好让我们一只鸟静一静。对了，听说狗在生气的时候也会发出这样的低声哼叫。

> **给主人的话**
>
> 　　低声哼叫是一种警戒鸣叫。很多主人听到这样的叫声都会担心，但是，这种时候请不要打扰我们。如果鹦鹉长期持续这种叫声，可能是身体不适，请带它去医院接受检查。

# 我不开心
\#叫声　\#嘎

 用力"嘎",叫出你的不悦吧

那边那只鹦鹉朋友,你是不是已经忍耐到极限了?和人类生活久了,难免会发生不愉快的事,比如玩得正起劲时被打扰、被弄疼等。想要表达不开心时,发出短促的叫声"嘎"吧。相比"呜——"(p36),这种叫声更能表达出强烈的不满。与同伴和平共处的秘诀,就是建立"不开心就直说"的坦诚关系。

> **给主人的话**
>
> 　　这种表达不满的叫声是一种警戒鸣叫。如果我们发出了这种叫声,就是在表达强烈不满。这时,请陪鹦鹉玩喜欢的游戏或静静待在一旁,努力修复彼此的关系。

 # 我最讨厌剪趾甲，快住手！

#叫声　#嘎——

 终极愤怒时，就猛叫"嘎——"

你现在有多愤怒？如果已经气得快要爆发了，就使劲喊出那句"嘎——"吧！"嘎——嘎——"地大叫，一定能阻止主人。真希望主人不要用力抓住我们的身体，强行给我们剪趾甲，因为我们真的很不喜欢剪趾甲。不仅当被迫做厌恶的事时可以这样叫，当同伴被迫做厌恶的事时，也可以用这种叫声警告对方"快点住手"！

给主人的话

这种叫声是一种警戒鸣叫，代表鹦鹉真的生气了，请主人一定要留意。如果鹦鹉生气了，就找到让我们生气的原因，在旁边静静陪伴我们吧。顺便一提，还是让有经验的医生来给鹦鹉剪趾甲吧。

 啊！ 吓我一跳……
#叫声　#哗

 用"哗"的叫声表达不安和恐惧吧

"哗"的叫声有很多种含义，恐惧就是其中一种。当感到不安或恐惧时，鹦鹉会发出短促的叫声。如果不安和恐惧的感觉过于强烈，鹦鹉的叫声反而会变弱，甚至出现失声的情况。而像玄凤鹦鹉那样有冠羽（凤头鹦鹉科特有的头顶部羽毛）的鹦鹉，有时会将冠羽竖起来，并发出"哗"的叫声，这是它们在兴奋时，感觉"好像很有趣"而情不自禁发出的叫声（p132）。

给主人的话

突然关灯或掉落东西时，鹦鹉受到惊吓，便会发出"哗"的叫声。这是警戒鸣叫的一种。如果持续这种状态，过大的压力会使我们身心俱疲。请尽快找到令我们惊恐的原因。

别留我自己一个呀
#叫声 #哔——哔——

 用"哔——哔——"的叫声呼唤主人吧

在鸟笼里待着的时候，我们只要看到主人就会很安心，但有时主人会突然消失不见。主人应该还在家里吧。这时，就大声地"哔——哔——"来呼唤主人吧。你看，主人回来了吧。人类也很聪明，知道这是我们希望他回来的叫声。如果主人外出，叫了他也听不到，那就还是歇一歇，等他回来再叫吧。

给主人的话

这种叫声被称为"呼叫"，是鸣唱的一种。因为声音非常大，所以可能会打扰到邻居。如果主人感到困扰，请为我们创造一个不必放声大叫的生活环境。

专栏

改善"呼叫"的方法

感到寂寞时,我们鹦鹉就会大声呼叫主人(p40),但频繁呼叫会形成压力。下面,将为各位鹦鹉介绍缓解压力的方法。

欲擒故纵

你是不是以为,只要大声呼唤,主人就一定会回来?过于频繁地呼唤鸣叫,主人就会习以为常。偶尔保持安静,主人反而会觉得奇怪,也许会主动关心你呢。

寻找能玩得忘我的玩具

比起和人类玩耍,需要主人陪伴时叫个不停的你找一个能让你忘我的其他东西吧,比如玩具。难度越大的玩具越能激发好奇心,试着找个有难度的玩具玩一玩吧。

上面介绍的方法,需要主人从旁协助。为鹦鹉准备各种玩具,以防它们无聊;鹦鹉安静的时候主动关心,以免它们认为"大喊大叫=主人会理我",这样就能减少过于频繁的呼叫了。如果要去别的房间,请唱唱歌,让鹦鹉知道主人在做什么,这样它们就能安下心,不再乱叫。

第二章 鹦鹉式沟通

主人叫你时，你该怎么办
#叫声　#回应

 用洪亮的声音回应吧

听到主人叫你的时候就大声回应主人，主人会非常开心的。被主人叫了名字以后，我们也会期待是不是有什么开心的事发生。不过，主人好像只是叫了名字，什么都没做啊……没什么事却一直叫个不停，谁都会生气的。如果一直被主人叫名字，就用"呜——"（p36）来表达你的不满吧。

> **给主人的话**
>
> 回应是鸣唱的一种。有些鹦鹉能记住自己的名字。虽然我们很开心能回应主人，但如果没事却一直被呼唤，会让我们很恼火，千万别这样做。

我想学说话
\#叫声　\#自言自语

 不停自言自语，确认发音是否正确

学习人类的语言时，使用自言自语的方法吧。通过自言自语，确认主人说的话和自己说的话是否一样。擅长说话的虎皮鹦鹉或大型鹦鹉会不断自言自语地练习。另外，在放松的时候，我们鹦鹉都会忍不住说说话。嘴碎的样子看起来也许会有点好笑，不过，心情好时真的完全停不了嘴！

> **给主人的话**
> 我们会仔细聆听并记住主人说的话，然后一边回忆一边练习复述。经常自言自语的鹦鹉学会的话也比较多，所以很多鹦鹉都擅长聊天。

 # 不知为什么，好想唱歌啊
\#叫声 \#唱歌

 心情好的时候，就会想唱歌

你看起来好像很开心啊。鹦鹉心情好的时候，就会想唱歌，就像人类开心的时候也会哼歌一样。而且，唱歌也很适合作为模仿练习。自言自语（p43）地发出声音，确认和自己听到的是否一致吧。说不定，唱歌比说话更容易学会。如果中途忘记了，就自己作曲随性而唱吧！

> **给主人的话**
>
> 宛如唱歌的叫声，也是一种鸣唱。当我们用唱歌进行模仿练习时，千万不要中途夸奖，否则我们会骄傲自满，反而不会进步。等到我们完全正确地模仿出来时，主人再夸奖我们吧。

那只鸟在边睡觉边讲话吗

#叫声　#梦话

 做梦时会说梦话

　　晚上睡觉的时候，我好像听到从旁边的鸟笼里传出了声音，那是隔壁的鹦鹉在说梦话，虽然听不清它在说什么。包括鹦鹉在内的鸟类，因为随时面临着被捕食的危险，所以都是浅睡眠，浅睡眠的时候就会做梦。据说除了鸟类，人类等哺乳动物、爬虫类动物都会做梦。啊，隔壁的鹦鹉身体一抖一抖的，好像睡醒了呢。

> **给主人的话**
>
> 　　梦话是鸣叫的一种。鹦鹉很少熟睡，几乎都处在不断做梦的浅睡眠中。如果你在夜间听到从鸟笼里传出声音，不妨想象一下它正在做什么梦。

模仿门铃声真有趣啊

#叫声　#门铃声　#模仿

 模仿生活中的声音，家人就会有反应

听到你模仿的声音，主人不知道跑去哪里了，然后又带着不可思议的表情回来了。啊，再来一次。最终主人发现了是你在模仿。主人的反应也太有趣了吧！原来你模仿的是来客人时会响起的门铃声。其他比较容易模仿的还有洗衣机的"嘀嘀"、微波炉的"当"。有的鹦鹉还会模仿主人吃面条时"吸溜吸溜"的声音呢。

给主人的话

模仿生活中的声音也是一种鸣唱。看到主人对自己模仿的声音做出了反应，鹦鹉就会非常开心，然后更积极地模仿。听到鹦鹉模仿的声音后，如果能夸奖一下，我们会情绪高涨的！

好想被抚摸
#对人类　#低头

低下头，请主人帮你挠挠头

在鹦鹉的世界里，梳理羽毛是众鸟皆知的亲密举动。鸟儿们既想让喜欢的对象给自己挠挠头，又想给对方挠挠头。如果你想让主人帮你挠头，请走到主人身边并低下头吧。被挠头真的好舒服啊。主人帮你挠头后，为了表示感谢，也帮主人梳理一下他的头发吧（p51）。

> **给主人的话**
> 鹦鹉的低头看起来很像人类的"点头"，但我们并非在打招呼，而是在撒娇。请和我们说说话，再摸摸我们吧。只要花一点点时间和我们互动，我们就会非常开心！

我想结婚

\#对人类 \#蹭尾部 \#竖起尾羽

摇摆摇摆 我们结婚吧!

 雄性鹦鹉蹭尾部是在示爱

到了发情期,雄性鹦鹉会在主人的手上蹭尾部,这其实是一种示爱行为。它们在模拟交配时的姿势,展现自己的魅力。雌性鹦鹉呢,就像交配时一样,用竖起尾羽的姿势展现魅力,表示"我同意"。这样猛烈的求爱攻势,一定会把对方迷倒的。

> **给主人的话**
>
> 雄性鹦鹉或雌性鹦鹉的求爱,都是在感受到对方的爱后才会有的行为,不必要的发情会给鹦鹉的身体造成负担。鹦鹉是根据本能采取行动的,所以我们无法控制自己的发情。请避免与进入发情期的鹦鹉发生直接接触。

专栏

鹦鹉的繁殖周期

发情出自鹦鹉的本能。了解鹦鹉的繁殖周期,就可以掌握它们的发情周期。

发情期
发情、求偶、筑巢,然后交配。

一年产卵1~2次是正常现象!

产卵期
产卵准备工作完成!产卵的数量因品种而不同。虎皮鹦鹉一次能产1~6枚卵。产卵并非一次完成,而是每隔1~2天产1枚卵,所以产卵可能需要一个星期的时间。

抱蛋期
暖蛋孵化。这时的鸟妈妈非常敏感。

育雏期
养育孵化出的雏鸟。努力育儿直到雏鸟离巢。

非发情期
一旦雏鸟离巢,便会抑制荷尔蒙的分泌。

不要丢下我
#对人类　#追着跑

 在主人身后追着跑

你是不是想每时每刻都和主人待在一起？离开鸟笼的时候，就是和主人接触的好机会！但有时一不留神，主人就不见了，真的不想和主人分开啊。对习惯群居生活的鹦鹉来说，单独行动十分危险。所以，无论主人去哪里都跟在他身后吧。快看，主人又要去别的地方了！

> **给主人的话**
>
> 当我们跟在你身后时，你会在移动时确认我们的位置吗？鹦鹉可能会被踩到或被门夹到，所以请小心移动，以防发生意外。

# 好想为主人梳理羽毛
\#对人类　\#啄头发

 帮主人梳理头发吧

鹦鹉通过梳理羽毛加深爱意，所以鹦鹉会相互啄咬身体。前文中也讲解了请求主人挠挠头的办法（p47）。那么，想向人类表达爱意，想给主人"梳理羽毛"时，怎么办才好呢？人类的头上长有头发，让我们饱含爱意地为主人梳理头发吧。主人一定会很喜欢你这饱含深情的举动。

> **给主人的话**
>
> 鹦鹉充满爱意地为主人梳理头发是想增进感情，但有的鹦鹉会将头发误认为巢（p95）。如果我们要进入发情期了，最好让我们远离你的头发，用其他东西吸引我们吧。

 # 我都出来了，就陪我一起玩吧

\# 对人类　\# 拉扯衣服

 拉扯衣服，直接表达需求

既然已经离开鸟笼了，怎能不让主人陪我们好好玩一玩呢？表达"我想玩"的方式有很多，我要传授给你们一个表达诉求的最直接的方法。包括主人在内的人类都会穿衣服，请试着用嘴巴叼住衣服再拉一拉吧。这样一来，主人一定会注意到你的。容易拉扯的位置是颈部和手腕附近，方便嘴巴啄咬的位置是最理想的。

> **给主人的话**
>
> 难得有一起玩的机会，主人千万不要错过。注重沟通的我们，其实很希望和主人一起玩。在被我们拉扯衣服之前，请主动陪我们玩吧。

多跟我说说话吧
#对人类 #靠近嘴巴

 靠近主人的嘴巴，请他跟你聊聊天

想让主人说话的时候，就靠近他的嘴巴吧！人类是用嘴巴发出声音的，所以靠近一点，就会听得更清楚。今天主人会说什么呢？如果主人开始跟你说话了，就跟他聊聊天吧。有对候你还会在意主人正在吃什么吧，看到主人的嘴一动一动的时候，可以靠近他的嘴巴看一看。

> **给主人的话**
>
> 听到主人对我们说话，我们会非常开心。"你真可爱呀""你最会说话啦"，像这样以鹦鹉为中心的话题会让我们更开心，有时还会主动跟你聊聊天呢。

走开

\#对人类 \#咬人

如果生气，用力咬就对了

如果主人做了你不喜欢的事，就用力咬他一口吧！直接攻击对人类非常有效，咬住之后再拧一下的效果更好。人类被咬后的反应非常大，这还挺有趣的（笑）。但是，如果这时主人朝你吹气，就请立刻停下来！就像鹦鹉愤怒到极点时会向对方"呼——"地吹气一样，主人生气时也会这样做。

给主人的话

如果不想被咬，请记住"不要做鹦鹉不喜欢的事""不要有太大反应"。被咬住后，如果反应过激，我们会觉得很有趣，反而想再多咬几次。如果想让鹦鹉住口，请不要做出任何反应。

专栏

鹦鹉必看 主人被咬后的各种反应

主人被咬后,会有什么反应呢?根据程度不同,可以判断出主人是否已经怒火中烧,如果是,那就赶快停止吧。

☐ 发出很大的声音

主人做出很大的反应,看起来也很开心,再多咬几下吧!

☐ 盯着看

如果被咬后,主人一直盯着你看,那是因为主人喜欢你。

☐ 移动被咬的手

主人被咬后还在跟你玩。以后想要主人陪你玩的时候,就咬他一口吧!

☐ 被吹气

当主人朝你吹气,就是他生气了。请你老老实实地住口吧。

☐ 从手上放下来

可能是主人在陪你玩游戏吧。再爬到主人手上咬一下,他可能会继续陪你玩!

☐ 无视

咬了也没反应,真无聊。快用其他办法吸引主人的注意吧。

"咬了主人,他就会理我、陪我玩",这就是爱咬人的鹦鹉的想法。主人在生气的情况下做出的各种反应,我们都会认为是奖励。如果主人对鹦鹉咬人感到困惑,那么被咬后记得不要做出任何反应。看到主人没有任何反应,我们鹦鹉就会明白咬人是一件很无趣的事情了。

我喜欢你，我讨厌你！
#对人类　#偏心　#你是唯一

 偏爱才是最深的爱

鹦鹉会有"唯一"的偏爱倾向。如果将主人视作同伴，对主人的爱过于强烈，我们就不免会对其他家人发起攻击。但是，这种状况持续下去也会很让人担心。我听说，有的鹦鹉只吃特定对象喂的饭，如果这个对象长时间不在家，它就会不吃不喝。记住，和全家人都和睦相处才能度过愉快的"鸟生"。

> **给主人的话**
>
> 如果处于"唯一"的偏爱状态，鹦鹉可能会出问题。为了让鹦鹉能接纳特定对象以外的人，被视作"唯一"的人要居中协调，让双方沟通顺利。

专栏

鹦鹉式沟通术

除了最喜欢的人,与其他人都无法友好相处的鹦鹉们该如何提升沟通能力呢?在此分享俩位朋友的经验,学习一下吧。

其他人给的点心改变了我

我和爸爸、妈妈住在一起。我太喜欢妈妈了,因此不喜欢被爸爸摸。只要爸爸一靠近,我就会咬他。平时都是妈妈喂我吃点心,有一天却是爸爸喂的。我明白了:"哦,原来爸爸也会哄我开心。"后来我们之间的距离就越来越近了!

与不同的人相处,提升沟通能力

我和主人单独生活,所以很害怕和主人以外的人接触。但是,主人说"我不能一直照顾你啊",于是叫了很多人来家里。时间久了,我就敢于和主人以外的人接触,并能和他们友好相处了。

你怎么了
\#对人类 \#安慰

靠近

 主人与平时不同时，需要靠近并仔细观察

有主人陪伴总是很开心，但主人今天看上去却和平时不一样。如果很在意，就靠过去看一看吧。主人看上去好像心情不好。看到你靠近，主人说："你是来安慰我的吗？"但其实你并没有那个意思。不过，再仔细看看主人，不知为何他好像又有点开心了。如果以后发现主人与平时不同，就靠近他仔细观察吧。

> **给主人的话**
>
> 我们并不会安慰失落的主人，但看到主人与平时不同时，我们心里会十分在意。如果主人以为被鹦鹉安慰了而变得开心，我们也会跟着开心起来，或许下次还会这样做。

一直盯着主人看

\#对人类　\#凝视

盯住

 眼神交流是信赖与爱的表达

我们鹦鹉不仅会通过声音和动作来进行沟通，还会用眼神交流的方式向对方传达心意。凝视主人的动作，源自对主人的信赖。如果你凝视主人时，主人也温柔地回望你，就表示他对你也非常信赖。不过，还没习惯与人类相处的鹦鹉最好别这样做，否则会被人类的大眼睛吓到。

> **给主人的话**
>
> 鹦鹉凝视主人，是它充分信赖主人的表现。如果是睁大眼睛一直盯着某处，可能是因为害怕而不敢动了（p114），请尽快找到令我们感到害怕的原因。

我帮你挠痒痒吧
\#对鹦鹉 　\#梳理羽毛

 通过接触，加深彼此的关系吧

　　如果想加深彼此的关系，直接接触是最好的办法！那么，什么样的接触比较好呢？答案很简单，就是"梳理羽毛"。首先，为对方挠挠身体，再让对方帮你挠一挠。互相梳理羽毛，加深彼此的关系吧。如果希望对方帮自己挠一挠自己无法用喙挠到的部位，就像请主人帮忙挠头时那样，把头低下来吧。好啦，各位鹦鹉，也请帮我灰老师挠挠痒吧。

> **给主人的话**
>
> 　　家里养了一对鹦鹉，它们却各自梳理各自的羽毛，这是感情不好吗？不不不，不是这样的。"同时梳理羽毛"也是将对方视为了同伴，请放心吧。

专栏

融入"前辈"鹦鹉的生活

虽然是和人类一起住,但家中可能已经有其他鹦鹉了。为了避免发生不快,好好了解一下"前辈"鹦鹉的生活吧。

主人会优先照顾原来那只鹦鹉

原来的鹦鹉可能会嫉妒新来的鹦鹉。为了避免这样的情况发生,主人会优先照顾它,请你理解一下吧。

根据契合度决定是同住还是分居

同一品种的鹦鹉如果能和睦相处,就可以住在同一个鸟笼中。不同品种的鹦鹉或鹦鹉相处不和睦时,可能会打架甚至发生流血事件,需要分开居住。

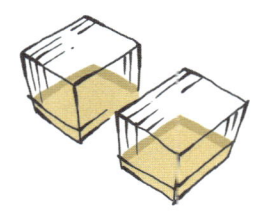

不同时期也会打架

平时很要好的鹦鹉,因为发情期等原因,一方也许会突然变得极具攻击性,最后可能会打架。

牡丹鹦鹉和桃脸牡丹鹦鹉被称为"爱情鸟",同伴间的抱团意识很强,所以适合群居生活。但是,如果两只鹦鹉成为伴侣,可能会对主人不理不睬。如果和主人成为同伴,则可能会攻击新来的鹦鹉。所以请主人根据家中原有鹦鹉的性格或相处状况,合理安排新来的鹦鹉吧。

两只鹦鹉聊天好开心啊

#对鹦鹉　#聊天

 关系好的鹦鹉通过聊天互通消息

不知从哪里传来了开心聊天的声音，原来是两只虎皮鹦鹉啊。鹦鹉会用声音或动作交换情报，就像人类的"唠家常"。有些鹦鹉不仅很会聊天，唱歌配合得也很默契，合唱和对唱都不在话下。请一定要表演给主人看，让他看到你们的默契。

> **给主人的话**
>
> 　　两只鹦鹉聊天，是因为感情好，而且感情越好，聊得越热闹。如果家中养的是一对鹦鹉，它们也许正在聊"主人最近都不陪我们玩啊""主人到底是怎么了嘛"……

嘴对嘴喂食是爱的体现

#对鹦鹉 #喂食

 用食物抓住对方的心

在鹦鹉界,最高等级的求婚礼物是"食物"。什么,你说送食物一点也不浪漫?不不不,你在说什么傻话?!不是随随便便送个食物,而是满含爱意嘴对嘴地给对方喂食。顺利送出礼物的秘诀,就是纵向晃头后再送给对方。如果对方收下礼物,就表示求婚成功!有些自恋的鹦鹉,还会向镜子中的自己求婚呢。

> **给主人的话**
>
> 到了发情期,鹦鹉可能会出现这种求爱喂食的行为,这时,鹦鹉会纵向晃头。如果是横向摇头,可能是生病了,发现这种情况,请马上带鹦鹉到医院接受检查。

休息一下

聊天

梳理羽毛

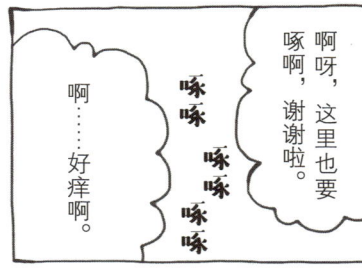

第三章
传达心情的动作

向对方传达心情,可以用肢体语言来表达!

好想撒娇啊
\#动作 \#撒娇

 张开翅膀，就是标准姿势

"陪我玩""我想要点心"，大家都向主人撒过娇吧？这时，有一个标准姿势——首先，将翅膀稍稍离开双肩，然后震动翅膀，最后张开翅膀。这就是必杀技"展翅撒娇"。用这个可爱的姿势请求主人，主人一定会好好考虑你的请求并好好宠爱你的。只不过，撒娇的次数多了，效果可能会大打折扣……

> **给主人的话**
>
> 我们向主人撒娇，是因为信赖主人。低头求摸摸（p47）、张嘴乞食（p67）都是在撒娇。但是，如果主人对我们有求必应，我们可能会变得任性，这点需要多加留意。

我想吃饭
\#动作　\#张嘴

第三章　传达心情的动作

张开嘴，像雏鸟那样讨食吃

看！那只鹦鹉像雏鸟一样把嘴张得大大的，它正在向主人乞食呢，真是爱撒娇。和人类一样，鹦鹉也认为品尝美食是一件幸福的事。对鹦鹉来说，家人吃的东西都是"无毒且安全的"，所以看到别人吃自己就想吃，自然而然就会张嘴乞食。不过，主人以及一起生活的猫、狗的食物，可能会对我们鹦鹉的身体造成伤害，不可以随便乱吃！

> **给主人的话**
>
> 即使鹦鹉跟你乞食，也不能将人类的食物喂给它。因为有些人类的食物（p101）会伤害鹦鹉的身体。另外，发情期行为倒退向主人撒娇或感到热的时候，鹦鹉也有可能做出张嘴的动作。

看看我呀
\#动作　\#捣乱

 强行闯入主人的视野

很多鹦鹉都有"主人看都不看我"的烦恼。首先，请仔细观察主人在做什么，有没有在看名为"手机"的机器或者一大张被称为"报纸"的纸？为了吸引主人的注意力，你可以试着站在报纸或手机上。直接闯入主人的视野，他就会察觉到你的存在了！

> **给主人的话**
>
> 将鸟放出鸟笼后，既然与爱鸟处在同一空间，就请不要一会儿看报纸，一会儿看电视。对鹦鹉来说，和主人在同一空间里生活是件非常幸福的事。所以，将鹦鹉放出鸟笼后，就请好好陪伴它吧。

专栏

主人，请看看我

主人专心做某事时，怎么做才能让他注意到我们呢？我要传授秘诀了，各位鹦鹉听好了！

倒立

当不经意看过来发现你在倒立时，主人一定会很惊讶，并且不转睛地盯着你。

故意恶作剧

你在恶作剧时，主人是不是很慌乱？所以，如果你故意恶作剧，主人一定会马上看过来的。

跳跳跳

推荐吸蜜鹦鹉使用跳跳跳的夸张动作。活力四射地跳一跳，吸引主人的注意吧。

为了吸引主人的目光，我学会了很多方法。但我还是希望，在我召唤主人陪玩之前，主人能主动陪我玩，那样我会更开心的。有些鹦鹉会时不时在鸟笼中倒立，不过它们不一定是想找主人陪玩，可能只是在寻找更高的位置。

第三章 传达心情的动作

# 我准备好了，随时都能出门

#动作　#伸展身体

 舒展身体，做好准备活动

经过充分休息之后，是不是已经"充满电"了？那么就玩起来吧！首先做一下准备活动吧。"一二三四"，依序伸出你的左翅、左脚、右翅、右脚，最后张开翅膀，准备活动完成。是不是跃跃欲试了？人类在运动前也会伸伸胳膊伸伸腿，做好准备活动。我们和人类不仅心意相通，行为也很像呢。

> **给主人的话**
>
> 这一套动作叫作"热身运动"，是鹦鹉做出某种行为前的准备活动。如果主人想和鹦鹉一起玩，鹦鹉做出这个动作的时候就是最佳时机。请用我们喜欢的玩具，陪我们好好玩一玩吧。

外面好可怕啊
#动作 #不出鸟笼

 不必勉强自己离开鸟笼

  我们鹦鹉好奇心非常旺盛，常兴致勃勃地想到鸟笼外探险。但是在探险的过程中，可能会留下恐惧或痛苦的回忆，我们也会因此变得害怕离开鸟笼。这时，即使主人叫你，也不必强迫自己离开鸟笼。因为鸟笼是安全的。如果某个契机让你再次觉得鸟笼外也安全，不妨再试着展开一次探险吧。

> **给主人的话**
>
>   如果在鸟笼外有过让我们感到恐惧的经历，我们就不想再离开鸟笼了。只要明白鸟笼外也很安全，我们便会自愿飞出鸟笼。在鸟笼外放上我们喜欢的玩具，营造让我们安心的氛围，慢慢减轻我们心中的恐惧吧。

来玩呀,来玩呀
#动作　#左右移动

 在栖木上左右移动

　　那只牡丹鹦鹉一直动来动去,看来它很想出来玩呢。鹦鹉想去鸟笼外面玩的时候,会不自觉地在栖木上左右移动。也许有的主人看到鹦鹉一刻不停会有些紧张,以为"它是不是有什么不适"。我们没有问题,只是太想出去玩,刚巧被主人看到了而已。快点召唤主人,让他把我们放出鸟笼吧。

> **给主人的话**
> 　　这是想出去玩的标准动作,表示鹦鹉想飞出鸟笼,去外面尽情玩耍。请主人陪我们好好玩一玩吧,不要敷衍我们。

这个已经玩腻了

\#动作 \#扔掉玩具

 玩腻了就丢掉

刚刚还玩得起劲的玩具，突然就不想玩了，你们会这样吗？要是玩腻了，就把玩具扔到地上吧！玩具掉在地上就不用继续玩了。说不定，主人还会捡起被你扔掉的玩具，陪你一起玩。你扔掉，主人捡起来；你再扔掉，主人再捡起来——这也是很有趣的游戏。多研究一下，玩腻的玩具就会有新的玩法了。喂，主人，快捡起来呀！

给主人的话

有些鹦鹉把玩具扔到地上时，看到主人惊讶的反应或主人捡东西的举动，会认为这是新的玩法，于是就反复把玩具扔到地上。拉扯或移动物品，也是鹦鹉的游戏之一。

今天就玩到这儿吧

\# 动作　　\# 上下摆动尾羽

我玩够啦

上下摆动

 上下摆动尾羽，转换一下心情吧

  和主人一起玩或者自己玩的时候，如果觉得"今天玩够了"，就用上下摆动尾羽的动作来关闭游戏模式吧。这个动作不仅可以告诉对方"游戏结束"，还能让自己充分转换心情，就像人类口中的"到此结束"一样。顺便一提，鹦鹉互相打招呼时也会摆动尾羽。遇到其他鹦鹉时，靠近对方，上下摆动尾羽，说声"你好"吧。

> **给主人的话**
>
>   这个动作的意思是"结束游戏"。如果鹦鹉做了这个动作，你还一直跟它玩，它可能就会觉得"好烦啊"。发现鹦鹉做出结束的动作，请和它一起转换一下心情吧。

你好烦啊
#动作 #拍动翅膀

 觉得很烦的时候，就拍拍翅膀

做出了结束游戏（p74）的动作，但有些主人会不管不顾地继续玩下去。你的主人会这样吗？这时候，要明确告诉主人"适可而止吧"，让主人知道你觉得很烦。方法很简单，张开翅膀拍一拍就可以了。再喜欢对方，如果他总是这样烦你，也会让你觉得他很讨厌。另外，不开心时，拍拍翅膀还能让自己冷静下来。

> **给主人的话**
>
> 　　如果鹦鹉做出这个动作，就表示它很不耐烦。这时候，请对它说一句"对不起，打扰到你了"，然后转身离开吧。如果一直烦着鹦鹉，它会讨厌你的。

我还想玩

\#动作 　\#扇动翅膀

 扇动翅膀，强烈抗议

　　还想继续玩，主人却执意要将你放回鸟笼，亲爱的鹦鹉们，你们有过这种经历吗？这时，请明确表达你的拒绝吧。站在栖木上扇动翅膀，做出要飞的姿势。其实，人类的孩子也有类似的行为，只不过他们没有翅膀，因此会用脚来表达，比如得不到想要的玩具或零食时，孩子就会拼命跺脚。在你不想睡觉却关了灯或主人唱了你不喜欢的歌时，你都可以通过扇动翅膀来表达不满。

> **给主人的话**
> 　　对于闹脾气的鹦鹉，无视它是最好的办法。如果尽力安抚它，它反而会得意忘形，误以为"只要闹脾气就能得到好处"。除了表达抗议或拒绝，在觉得主人很烦时，鹦鹉也会扇动翅膀。

# 我一点也不想睡觉
#动作 #不睡觉

 年轻鹦鹉玩心正盛，体力充沛

　　灰鹦鹉老师我年轻的时候也是这样，觉得玩比睡觉有趣多了，所以有段时期会无视主人的提醒，经常玩到半夜。当时觉得非常刺激。不过，从健康层面来看，熬夜对身体很不好。鹦鹉的生活以早睡早起（p176）为基础。为了充实地度过每一天，请做好时间管理。听，主人在喊"该睡觉啦"，让我们明天再继续快乐地玩吧。

> **给主人的话**
> 　　为了保持健康，鹦鹉也要保证作息规律。到了晚上，即使鹦鹉表现出"我还想玩"，也不要放任它。将鹦鹉放回鸟笼，罩上罩子吧。房间变暗了，它就会睡觉了。

我想洗澡
#动作　#假装洗澡

 假装洗澡，通知主人

　　好想洗澡，但主人完全没有这个打算……这时，请闭上眼睛，想象正在洗澡的自己——水面闪着光，水珠舒适地洒在身上……这下更想洗澡了！身体不自觉地动起来，在栖木上假装洗起澡。哇，看到你的动作，主人开始准备洗澡的用具了，终于能洗澡了。请好好洗个澡吧！

> **给主人的话**
>
> 　　鹦鹉是爱干净的动物。洗澡不仅能清洗掉身上的污垢和羽粉（p159），还能去除寄生虫、缓解压力。虽然一年四季都可以洗澡，但不能使用冷水或热水，要用常温的水！

洗澡好开心
\#动作　\#跑来跑去

 因为太开心而忍不住跑来跑去

"好！"从你的声音就能听出你有多开心。等了好久，终于可以洗澡啦！不知不觉，就在主人身边跑来跑去。请尽情地去洗澡吧。洗完了很舒服吧！你是用水盆洗澡的，而有些鹦鹉是在水龙头下淋浴的。鹦鹉们的喜好各不相同，用自己喜欢的方式开心洗澡吧！

> **给主人的话**
>
> 洗澡的频率基本是一周一次。天气炎热的时候，鹦鹉会更想洗澡，要求洗澡的次数也会增多。但是，也有些鹦鹉不喜欢洗澡。请根据鹦鹉的喜好或身体状况，调整洗澡频率吧。

看什么看
\# 动作　\# 瞳孔缩小

走开！

 缩小瞳孔，进入攻击模式

通常，鹦鹉都是温柔的和平主义者。但是，在成长过程中迎来发情期和叛逆期时，我们可能会进入攻击模式。瞳孔缩小，心里念叨着"喂喂，你想干什么"，挑战看不顺眼的对象——可能是新来的鹦鹉，可能是不喜欢的玩具，也可能是家里的某个人。当某只鹦鹉心情不好时，请默默地守护在它身边吧。

> **给主人的话**
>
> 进入攻击模式的鹦鹉会故意找碴，发动攻击。如果觉得它很烦，就暂时不要理它，让它知道生气解决不了问题。如果这种情绪长期持续，最好去咨询医生。

房间好脏，我要打扫一下
#动作 #扔掉粪便

 把便便都扔出去吧

哎呀，鸟笼底盘的垫子上堆积了很多便便。鹦鹉是很爱干净的，即使是自己的排泄物，不打扫干净也会很在意。特别是鸟笼底盘的垫子，真希望主人每天都能换上干净的。为了向主人表达你的需求，可以把便便扔出鸟笼。看到你的反常举动，主人应该就会意识到了。

> **给主人的话**
>
> 打扫鸟笼，保持鸟笼的清洁，对我们的健康而言非常重要。除了更换鸟笼底盘的垫子，还要每周清扫一次卡在漏粪网中的便便，每月用热水给鸟笼消一次毒！

# 我生气了！真是受够了
\#动作　\#脸上的毛炸起来

 气到脸上的毛都炸起来

那只鹦鹉脸上的毛都炸起来了，看来它已经很生气了。鹦鹉在愤怒的时候，脸上的毛会炸起来，这个状态很像人类所说的"怒发冲冠"，一看就知道是在生气。这时候，主人可别再说"好可爱啊"一类的话了，因为鹦鹉是真的气到快要"爆炸"了！

> **给主人的话**
>
> 你看到过鹦鹉"怒发冲冠"的样子吗？你知道它为什么生气吗？如果鹦鹉因为你而生气，请先跟它说声"对不起"吧，就算关系亲密也要有礼貌。道歉后，请让它自己冷静一会儿直到消气，这才是明智之举。

专栏

表达愤怒的方法

生气时，让对方明白你的愤怒很重要。不只是声音，还可以用行动表示。至于愤怒的原因，请主人好好反省吧！

脸部周围的毛都炸起来，并"呼——"地吹气

愤怒到达顶点时，可以像前文介绍的那样"让脸部周围的毛炸起来"（p82），同时还可以"呼——"地吹气。看到你这个样子，对方一定能知道你生气了。

左右摇晃，让体形看起来更大

如果觉得"太讨厌了"，就左右摇晃身体吧。这么做会让体形看起来更大，让对方感觉到你"高大威猛"的气势。

大家都知道怎么表达愤怒了吗？不要隐忍，鼓起勇气表达你的愤怒吧。顺便一提，主人也会用吹气表达愤怒（p55）。如果主人对你吹气的话，请反省一下是不是你做得太过分了。

第三章 传达心情的动作

我比较厉害
#动作 #停在高处

 待在高处,"傲视群雄"

在前文已经提到过,为了保护自己,我们鹦鹉会待在尽量高的地方(p19)。这个想法稍一变化,就有了"待在高处比较厉害"的认知。因此,如果你想展现自己的实力,飞向高处就对了,比如餐具柜或空调上方等人类够不到之处。飞向高处,摆出一副"傲视群雄"的姿态吧。

> **给主人的话**
>
> 朝夕相处的鹦鹉如果总是待在高处,可能是因为瞧不起你。如果一直这样,它就会变得非常任性。请在高处摆放物品或拉起网,让它无法再去那些地方。

看看我帅气的样子
#动作　#耸起肩膀

得意

 耸起肩膀，一脸得意地走来走去

你想向心仪的对象展现男子气概吗？那"耸起肩膀走来走去"这招最适合你。"我很强壮"，用得意的表情自信地昂首阔步，一定会让心仪的对象如痴如醉。什么，你想展示给主人看？没问题，这招对主人也有用。

> **给主人的话**
>
> 这个显示自己很强壮的动作，是雄性鹦鹉才会有的行为。它们不仅会对雌性鹦鹉示爱，有时还会向主人展示自己的魅力。不过，雄性鹦鹉发情时会变得极具攻击性。所以，一旦看到雄性鹦鹉做出这个动作，请把它放回鸟笼中，平复它的激动情绪。

这里是我的领地
\# 动作　\# 不回鸟笼

 外面也是我的领地，所以没必要回鸟笼

有些鹦鹉认为鸟笼里最安全，所以不想离开鸟笼（p71），但有些鹦鹉会把鸟笼外也当作它的领地。确实，如果鸟笼内外都很安全，就没必要特意回到狭小的鸟笼里去。但是，鸟笼外真的安全吗？如果地方很大，或许会有潜在的危险。虽然鸟笼有点小，但在鸟笼里休息能更安心。

给主人的话

打造一个随时都能愉快玩耍的安全环境，会让鹦鹉们非常开心。不过，为了双方都能舒适地生活，需要确定好放鸟出笼和回笼的时间。时间一到，在鸟笼中放入鹦鹉喜欢的玩具，它就会乖乖回到鸟笼里了。

我很厉害的
#动作 #展开尾羽

 用强壮的身体展示自己的强大

　　为了向对方展示自己的强大，你需要让自己的体形看起来更大，对方看到你比它强大后就会感到害怕。所以，展开你的尾羽吧，让体形看起来比平时更大，这样对方肯定会被吓到。无论是雄性鹦鹉还是雌性鹦鹉，这个方法都很有效，壮大身体，威慑对方吧。

　　顺便一提，同为鸟类的孔雀会将美丽的羽毛像扇子一样展开，这是雄性孔雀在向雌性孔雀求爱。

> **给主人的话**
> 　　总是待在高处的鹦鹉十分强势，往往会展开尾羽做出威吓的动作。为了不让鹦鹉任性妄为，调整一下鸟笼的位置吧（p19）。

嗯，好想拔羽毛
\# 动作 \# 拔羽毛

拔啊拔啊

 鹦鹉特有的行为——啄羽症

将自己的羽毛一根、两根……不断地拔掉，这个行为就是啄羽症。啄羽症与单纯的梳理羽毛不同（p89），出现啄羽症往往预示着鹦鹉的身体出现了问题，最好尽快带它去医院接受检查。啄羽症产生的原因很复杂。不少鹦鹉感到无聊的时候会拔羽毛，并觉得很有趣，进而上瘾。如果你想玩，就和主人或者玩具一起玩吧，千万不要乱拔自己的羽毛！

> **给主人的话**
>
> 啄羽症至今没有明确的治疗方法，属于疑难病症。医生、学者、鸟类训练师等各个领域的专家都在研究啄羽症。理解啄羽症的第一步，就是要明白这是一个没有标准答案的难题。

专栏

身体疾病还是心理疾病

啄羽症可能是身体疾病导致的。比如，营养不良时，鹦鹉会长出与以往不同的羽毛，看到这样的羽毛，我们会觉得"这个羽毛好难看，我不喜欢"，然后就会拔掉它。啄羽症也可能是心理疾病导致的，比如压力过大或发情期。啄羽症还有可能是为了吸引主人的注意。出现拔毛行为后，首先要去医院检查。如果身体没有异常，再慢慢找出原因。

啄羽症一旦恶化，腋下、腹部都可能变得光秃秃。很多主人看到判若两"鸟"的鹦鹉都会大受打击。但是，让鹦鹉马上停止拔毛并不容易。请耐心找出原因，并多花时间陪伴它。主人也不要太钻牛角尖。

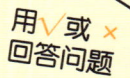

鹦鹉学测试 -前篇-

用√或×回答问题

你掌握了多少鹦鹉知识呢？快来检测一下吧。
答题之前，先复习一下第一章~第三章吧。

第一题 鹦鹉害怕**高的地方**。 [　] → 答案·讲解 p19

第二题 想让主人陪的时候，就站在**挡住主人视线的东西上**。 [　] → 答案·讲解 p68

第三题 觉得主人与**平时不一样时**，就会**躲得远远的**。 [　] → 答案·讲解 p58

第四题 愤怒到极点时，会发出"**嘎——**"的叫声。 [　] → 答案·讲解 p38

第五题 很烦的时候，会**拍翅膀**。 [　] → 答案·讲解 p75

第六题 鸟笼里面变脏了，会自己**打扫**。 [　] → 答案·讲解 P81

第七题 想要被摸的时候，就会**低下头**。 [　] → 答案·讲解 p47

第八题 展开**尾羽**，展示自己的强大。 [　] → 答案·讲解 p87

| 第九题 | 即使**只有一只**鹦鹉，只要有主人陪伴就**不孤单**。 | [　] | → 答案·讲解 p21 |

| 第十题 | 向对方示爱时的叫声是"**噼咯咯**"。 | [　] | → 答案·讲解 p32 |

| 第十一题 | 鹦鹉不会**察言观色**。 | [　] | → 答案·讲解 p23 |

| 第十二题 | 觉得鸟笼外很**可怕**的时候，不离开**鸟笼**也没关系。 | [　] | → 答案·讲解 p71 |

| 第十三题 | 鹦鹉一视同仁，对谁都不**偏爱**。 | [　] | → 答案·讲解 p28、p29 |

| 第十四题 | 鹦鹉**求婚**的时候，会送**宝石**。 | [　] | → 答案·讲解 p63 |

| 第十五题 | 鹦鹉挑衅时，会缩小**瞳孔**，怒视对方。 | [　] | → 答案·讲解 p80 |

答对 11～15 题
学习很认真呢。你是一只博学的鹦鹉！

答对 6～10 题
基础知识掌握得很牢，再努努力吧！

答对 0～5 题
……你真的是鹦鹉吗？从头再学一次吧。

休息一下

刷手机

主人，陪我玩吧！

你总是在刷手机……手机那么有趣吗？

哇，是我喜欢的类型！

不要对着照片示爱……

捉迷藏

我们来玩捉迷藏吧！
好啊！那我来捉！
我也想玩！

藏好了吗？
还没有呢。

藏好啦！
我要开始找啦！

太开心了，我的头一直在晃，根本停不下来！
我也是啊！

第四章

鹦鹉的奇妙行为

即使是同一只鹦鹉,也会有让人不可思议的行为。
本章就会讲解这些行为背后的含义。

 # 开心得不得了
\#行动　\#晃动头部

 心情超好，摇头晃脑

　　我们鹦鹉有时会像被木偶一样不停地上下摇晃头部。感觉很幸福的时候或者看到主人很开心的时候，我们就会用摇晃头部来表达喜悦的心情。不少主人会被鹦鹉突然疯狂晃头的举动吓到，不过，他们应该能感受到我们是真的很开心吧。主人也许会问："那么用力地晃头，不会头晕吗？"不，我们鹦鹉才没那么弱不禁风！

> **给主人的话**
>
> 　　如果鹦鹉做出这个动作，请主人务必跟着一起做。一起做相同的动作对鹦鹉来说是件非常开心的事情。因为更开心，晃头就更起劲了！

# 好温暖，好幸福
#行动　#钻进衣服里

 回忆在鸟巢中的日子

有些爱撒娇的鹦鹉很喜欢钻进主人的衣服里，有些鹦鹉则喜欢赖在主人的掌心里昏昏欲睡。对鹦鹉来说，狭小又温暖的空间会让它们联想到"鸟巢"。回忆起小时候，仿佛变回了小宝宝，然后陶醉其中——这样的心情，各位鹦鹉应该都有吧。待在主人身边既安全又幸福，所以大家才能这么安心。

> **给主人的话**
>
> 　　如果你家养的是雌性鹦鹉，最好避免出现这些会让它联想到鸟巢的行为。如果鹦鹉觉得"这里是最好的产卵地点"，可能会过度发情。如果已经是发情状态，就要避免直接接触。

第四章　鹦鹉的奇妙行为

我会巡视领地
\#行动　\#展开翅膀走路

 展开翅膀，确认领地有无异样

看！这只鹦鹉正在认真地巡视领地呢。展开翅膀、四处走动的行为是在确定"我的领地今天一切正常"。离开鸟笼时，难免会担心领地里是否出现了没见过的东西或可疑的物品。因此，巡视领地是很重要的事情。如果出现了奇怪的东西，那还真是可怕（完全不知道该怎么办）。所以，还是每天巡视一番比较好。

> **给主人的话**
>
> 　　一般来说，桃脸牡丹鹦鹉和牡丹鹦鹉的领地意识很强。而玄凤鹦鹉等随季节改变栖息地的候鸟的领地意识则比较弱，对领地的舒适度也没有那么讲究。

脚好冷啊
\# 行动　\# 单脚站立

好像有点冷啊

 有点冷啊

"呜,好冷好冷。天气好像冷起来了。"这时候,把脚缩进身体里吧。我们鹦鹉的身体构造决定了只有脚是无论如何都要露在外面的。脚上没有羽毛,就要饱经严寒与酷暑。如果觉得冷,就将脚缩进温暖的羽毛里吧!缩起来再蹲下,就会变得暖和起来。站在栖木上时如果觉得冷,也可以单脚站立。

给主人的话

换季的时候,有时会出现巨大的温差。我们鹦鹉会充分利用自己的身体抵御寒冷。但是,如果太冷,请主人调节一下室内的温度。

身体膨胀，脑袋放空

#行动　#身体膨胀

 身体状态不佳的征兆！

　　如果天气太冷，身体就会"嘭"地膨胀起来。如果你的室友突然膨胀起来，千万别觉得"圆滚滚的好可爱"，因为这也许不是因为冷，而是它身体不适。当鹦鹉感觉"受不了了，实在是太冷了"的时候，羽毛就会变得蓬松。一根根蓬起的羽毛可以将温暖的空气滞留在身体周围。如果你也变成这个状态，可要注意身体呀。

> **给主人的话**
>
> 　　如果一直开着暖气，但鹦鹉的羽毛还是保持膨胀状态（蓬羽），那它很有可能是生病了。鹦鹉受到惊吓时偶尔也会出现蓬羽状态。只要蓬羽的状态没有持续很久，就无须担心。

假装吃饭……

#行动 #假装吃饭

 隐瞒身体不适

咦,你怎么了?身体不舒服吗?有的人说鹦鹉"傻乎乎",有的人说鹦鹉"很开朗",但其实鹦鹉是很敏感的动物。所以,当身体不适吃不下饭的时候,为了不让主人担心,我们会假装吃饭。假装健康,换取主人的笑脸。虽然知道这样做不对,但还是说了善意的谎言。

> **给主人的话**
>
> 鹦鹉会"假装吃饭",让饲料盒看起来空了,真是一个巧妙的招数。但是,它到底吃没吃,每天照料鹦鹉的主人一看便知。我们既想被关心又怕添麻烦的复杂心情,还请主人理解、包容。

大口吃便便

\#行动 \#吃粪便

 快停下！你是不是缺乏营养

有的动物如果压力太大就会出现吃粪便的现象，这被称为"食粪"。我们鹦鹉偶尔也会吃自己的粪便，理由嘛……目前尚不清楚。相比压力，也许是因为营养摄入不均衡，为了补充营养，我们才吃粪便的。食粪行为多出现在不喜欢蔬菜或偏食的鹦鹉中。从营养角度来说，鹦鹉最适合吃综合型饲料！趁这个机会，更换综合型饲料试试吧。

> **给主人的话**
>
> 看到鹦鹉在吃鸟笼下面的粪便，难免让人感到恶心。其实鹦鹉并不想吃粪便，所以，请给它准备营养均衡的食物吧。

专栏

食用营养丰富的饲料和青菜

综合型饲料均衡配比了鹦鹉身体所需的蛋白质、脂肪、维生素等营养成分。此外，市场上还有符合鹦鹉视觉审美的红色、紫色、黄色等彩色饲料。除了主食，不要忘记搭配青菜，比如小松菜、豆苗等，丰富鹦鹉的次食。

我们鹦鹉的好奇心十分旺盛，而且是十足的"吃货"。如果发现心爱的主人好像在吃东西，我们可能会不厌其烦地乞食。但是，人类的食物绝对不能给我们吃。即使我们用水汪汪的大眼睛拜托你"给我吃吧"，也绝对不能给！

 # 阿……阿嚏
\#行动　\#打喷嚏

 哎呀，你感冒了吗

　　突然发出了"阿嚏"的声音，头还跟着晃了一下。"难道我学会了新技能？"喂，你也太想当然了吧？如果一直持续打喷嚏，很可能是感冒了，要好好照顾自己呀。附近的鹦鹉最好和它保持距离，毕竟现在还没有发明出给鹦鹉用的口罩。

> **给主人的话**
> 　　鹦鹉打喷嚏很让人担心，不过也可能是聪明的鹦鹉在模仿主人打喷嚏！你家有人对花粉过敏吗？如果你听到陌生又奇怪的喷嚏声，也许就是家中的鹦鹉在模仿打喷嚏。

 # 今天下雨啊,那就放松一天吧

\#行动　\#雨天就会很安静

 虽然有个体差异,但雨天大多很安静

一到雨天,来自澳洲的虎皮鹦鹉通常会变得很安静。但多数南美洲出身的太平洋鹦鹉则很活泼。鹦鹉的习性好像和出生地有关。生活在干燥地区的鹦鹉在雨天就会很安静,而亚热带的鹦鹉则会很活泼。中国时而干燥,时而下雨,四季分明,因此,世代生活在中国的鹦鹉,大多已经不在意天气变化了。

给主人的话

情绪随天气改变,这与鹦鹉的个性有很大关系。比如,晴天的时候,主人很开心,忙着晒衣服、做家务,我们也会跟着开心起来。

用嘴敲敲敲
\# 行动　\# 用喙敲击

 栖木就是乐器

咦，我好像听到有鹦鹉说最近很无聊。如果觉得无聊，我有个好提议。首先，将嘴巴放在栖木上，然后敲一敲栖木就会发出"当当当"的声音。一直敲的话，就像在演奏音乐一样。其实，在栖木上演奏，是不少鹦鹉都喜欢的游戏。鹦鹉都很喜欢音乐，就像喜欢鸣唱一样。你也来试着作一首曲子吧！

> **给主人的话**
>
> 你是不是惊讶于鹦鹉会创作乐曲？如果可以，请主人也加入我们，和我们一起合奏吧。"快乐生活"是鹦鹉的信条，一起享受音乐带来的快乐吧。

嘴巴好痒啊～
#行动　#摩擦喙

左磨磨　右磨磨

 在栖木上磨一磨嘴巴吧

有时食物残渣会黏在嘴巴上或者有时感觉嘴巴痒痒的，对吧？这时，可以在栖木上磨一磨嘴巴。栖木不仅可以休息，还可以当作痒痒挠或乐器，是一件十分"称手"的工具。顺便一提，鹦鹉的喙由角蛋白构成，成分与人类的指甲大致相同。有些迟钝的主人可能觉得我们鹦鹉的喙很硬且没有任何知觉，其实我们可以感觉到痒的。

> **给主人的话**
> 我们很爱干净，有时吃完饭或喝完水就会想擦擦嘴。这时，主人就是"最好用的毛巾"。你家的鹦鹉说不定今天也会用你的衣服擦嘴。

我在磨嘴巴
\# 行动 \# 咕哩咕哩

 睡觉前,为明天做好准备吧

今天也过得很开心呢。隔着鸟笼,看到主人在准备明天要穿的衣服。我们也为明天做准备吧,最重要的就是把嘴巴护理好。鸟喙互相摩擦,发出"咕哩咕哩"的声音。嗯嗯,就是这个感觉。像这样磨一磨嘴巴,明天就能大口吃饭啦!这就是我们鹦鹉的准备活动。规律生活是鹦鹉的养生之道,好好保养身体吧!

> **给主人的话**
>
> 有些超爱鹦鹉的主人说:"好喜欢鹦鹉嘴里'咕哩咕哩'的声音。"主人们的喜好真是各不相同啊。我们的睡前运动就是磨嘴巴。有些鹦鹉最终会不敌睡意,磨着磨着就睡着了。

可疑的家伙！戳戳看

#行动　#用喙戳一戳

戳一戳

 如果很介意，就用嘴巴戳一戳

发现了让你介意的东西？如果感兴趣，就用嘴巴戳戳看吧。对于鹦鹉来说，喙是身体上最方便接触目标物的部位。如果出现了介意的东西，先用嘴巴戳一戳，确认它是什么吧。如果是可怕的东西，有两个应对方法：一个是飞快逃走，一个是反击啄咬。喙不仅使用方便，还是我们的武器！

> **给主人的话**
> 鹦鹉几乎不会靠近可怕的东西，如果我们用嘴巴戳某个东西，就表示我们对这个东西很感兴趣。如果想让我们接受我们不喜欢的东西，比如玩具或是食物，就可以先让我们用嘴巴戳一戳。

好热啊
\#行动 \#张开翅膀

 张开翅膀，为身体散热

哎呀，已经有鹦鹉受不了这暑热了。暑热难耐的时候，就快点张开翅膀吧！这样做可以让空气进入羽毛的根部。这个姿势很像人类"张开双臂并挥动"的动作。羽毛很容易积蓄热量，为了排出热量，需要让羽毛全部塌下来。释放出羽毛中的热量，就会变得凉快了！

> **给主人的话**
>
> 鹦鹉开心时也会张开翅膀，但在暑热时张开翅膀，羽毛会变得扁塌。在炎热的盛夏，请帮我们调节室内温度。如果鹦鹉张嘴呼吸就表示我们觉得非常热！

有东西飘来飘去，追上去吧

\#行动　\#追逐尾羽

转啊

转啊

 那是你的尾羽

"有什么漂亮的东西闯入了我的视线，是什么呢？"哇，你追着追着就转起了圈圈。隔壁的小狗也经常做出这个动作，那是它在追尾巴。你追的那个漂亮的东西其实是你的尾羽。尾羽色彩鲜艳又漂亮，所以总能引起你的注意。这也是鹦鹉好奇心旺盛、健康茁壮的证明。尤其是年轻的时候，不少鹦鹉会为此着迷，我也有过那样的时期。年轻嘛，自然活力无限。

> **给主人的话**
>
> 很多主人第一次看到鹦鹉追自己的尾羽会觉得不可思议，甚至担心"是不是压力过大"。请放心，只要不是长时间持续这种行为，都只是在玩而已。不过，请随时确认鸟笼中的鹦鹉有没有受伤。

第四章　鹦鹉的奇妙行为

咦，什么声音？

\#行动　\#歪头

 歪着头，寻找声音的来源

我们鹦鹉的耳朵位于喙的后面，但没有收集声音的耳郭（这个词看上去很难理解对吧）。耳郭就是外耳肉眼可见的部分，比如猫的三角形耳朵、人类头部两侧的耳朵等。鹦鹉没有耳郭，整个头部就像卫星天线一样收集声音。如果听到在意的声音，就侧着头找一找声音的来源吧。顺便一提，猫和狗会通过转动耳郭来寻找声音的来源。

> **给主人的话**
>
> 歪着小脑袋的鹦鹉真是好可爱啊。其实，我们自己也这么觉得。有时，当主人叫我们的名字，我们会歪着头回应主人："怎么了？有什么事？"

 好困啊。哈～欠
#行动 #打哈欠

 张大嘴巴，打个哈欠

"好困啊，快要到睡觉时间了。"到了傍晚，你们会不会困得张大嘴巴，做出打哈欠的动作？不仅鹦鹉，人类和其他动物也有这个行为。经美国的研究表明，虎皮鹦鹉之间有打哈欠传染的现象。鹦鹉本来就是群居动物，自然会模仿伙伴的行为。

> **给主人的话**
>
> 鹦鹉之间打哈欠会传染，就连看到主人打哈欠，鹦鹉也会跟着做。少数鹦鹉是因为喜欢这个动作而刻意模仿，也许它们还会模仿你伸懒腰呢（笑）。

这是**哪里**啊
#行动 #逃到屋外

 一旦飞出家门，就很难飞回来……

  偶尔会有鹦鹉从家里飞出去。虽然记忆力很好，但因为跟人类一起生活，所以我们鹦鹉只记得家里的事情，一旦飞出家门，就很难找回家了。如果你不小心飞了出去，请镇定地停下来仔细听一听，也许主人正在呼唤你呢，顺着声音的方向飞过去，就能回到主人身边了。

> **给主人的话**
>
>   避免鹦鹉走失，最好的办法就是多留意。一旦鹦鹉飞出家门，请立即追出去，并且大声呼唤鹦鹉的名字。鹦鹉会为了确认安全暂时停下，这时如果听到熟悉的声音，就会朝着声音的方向飞来。

专栏

出门好开心

大家不要随便出门（p112），但如果是和主人一起出门就完全没有问题，说不定还会很有趣。比如去医院，有的鹦鹉很讨厌去医院，但医院是守护健康的地方，我们不能讳疾忌医。此外，和主人一起外出，必须进入外出提篮，还不习惯待在提篮里的你，可能会觉得难受，可一旦习惯了，出门就会很方便，所以还是尽快习惯它吧。

带鹦鹉出门时，比如去医院等，需要使用外出提篮。但是，我们鹦鹉大多胆小，对陌生的东西会感到害怕。因此，平时请把提篮放在鹦鹉目及之处，慢慢地我们就会放下戒备心。此外，请尽量缩短外出时间，这样我们就会更安心！

那个家伙，看着好可怕

#行动　#瞳孔放大

 瞳孔放大，仔细观察

"有个可怕的东西离我越来越近了！怎么办啊？"面对这种害怕到叫不出声的情况时，我们鹦鹉会拼命睁大眼睛，放大瞳孔。虽然被吓得一动不动，但至少可以用眼睛获取信息、掌握情况！这种情况下，大脑充斥着绝望的念头，整只鸟变得不知所措。如果可以，希望我们不要遇到这种情况。

> **给主人的话**
>
> 和主人一起生活的鹦鹉，正常情况下不会有这种表情。不过，天生胆小的鹦鹉在第一次去医院时可能会非常紧张，出现表情凝重、身体僵硬的情况。请温柔地安抚它吧。

让我舔舔手吧
\#行动　\#舔手

 缺乏矿物质时就喜欢舔人类的手

　　被你舔手的主人，看起来很开心呢，但是这个行为的含义和人类想的不一样。作为爱意的表达，猫或狗都有舔舐主人的行为。鹦鹉是如何表达的呢？鹦鹉不会通过舔舐主人来示爱。当觉得"我是不是有点缺乏矿物质啊"，鹦鹉就会舔一舔人类的手。当然，有时也只是觉得好玩而已。

> **给主人的话**
> 　　被鹦鹉舔了手，主人很容易想当然地认为："好可爱啊，我的鹦鹉一定很爱我。"但事实并非如此。舔手的行为反而是因缺乏矿物质等导致营养不良的表现。希望主人能觉察到，重新为我们准备营养均衡的食物！

眼睛眨啊眨，停不下来

\#行动　\#眨眼

忽闪
忽闪

 警戒状态下非常紧张时，就会频繁眨眼

"好像有可怕的东西靠近了……"这种时候，我们鹦鹉会下意识地眨眼睛，露出紧张的神情。特别是处于警戒状态时，就会频繁做出这种让人感到奇怪的举动，这是压力过大导致的。这种事被拿出来讲，还真是有点不好意思。不过，人类紧张的时候，眨眼的次数也会变多。咦，我们和人类有点像啊。

> **给主人的话**
>
> 　　鹦鹉不只是紧张的时候才会眨眼睛，刚刚睡醒或困倦的时候，以及开心、兴奋的时候也会眨眼睛。被心爱的主人看着，心跳加速了。请主人接受鹦鹉示好的眨眼"电波"吧。

每天都好困啊
#行动　#总是睡觉

 如果睡太多，就要关注身体状况了

　　人类有一句俗语叫作"春困秋乏夏打盹儿，睡不醒的冬三月"，鹦鹉同样也有爱犯困的时候。但如果以前身体很好，突然睡眠时间增加了，那么可能是身体出现了问题。对于体形较小的鹦鹉来说，睡眠的意义在于"增加并保存体力"。如果一直睡觉，很有可能是为了掩盖身体的异常。

> **给主人的话**
> 　　如果你家的鹦鹉年龄在七岁左右，而且最近睡眠增多了，那么它可能是步入了老年期。与人类相同，鹦鹉上了年纪，睡眠时间就会增加，请让它好好休息吧。

第四章　鹦鹉的奇妙行为

# 气死我了！我要发泄
#行动　#打翻食物

 哎呀，你好像心情不好

一会儿打翻食盆，一会儿乱发脾气。喂，你先冷静一下。这么暴躁，主人会很担心的。当然，谁都会有烦躁的时候，但你不能因为一点不喜欢的声音或是心情不好就大闹一场。当然，偶尔生气的话，主人还是会原谅你的。与其打翻食盆，不如和主人一起玩耍舒缓心情吧。

给主人的话

鹦鹉偶尔会发火。如果主人反应强烈，我们就会错以为"这样做主人就会陪我"。请尽量保持心态平和，说一句"哎呀，真拿你没办法"，然后若无其事地看着我们就可以了。

衣服的口感真好啊
\#行动　\#咬衣服

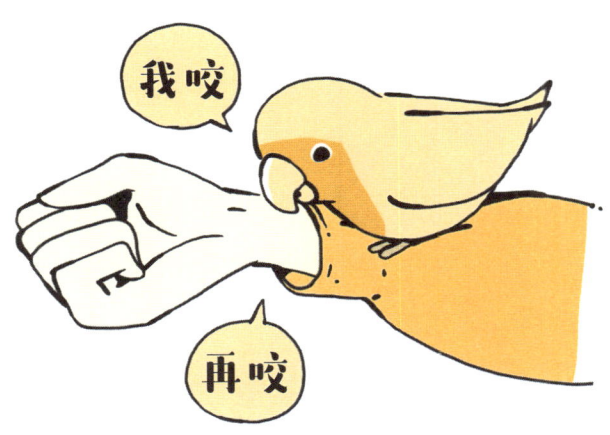

 用主人的衣服磨磨嘴

我们鹦鹉的嘴巴非常灵活,所以会不自觉地咬一些口感好的东西。各位鹦鹉,你们也会觉得主人的衣服口感很好吧?"咔哧咔哧"咬断纤维的感觉真是太棒了。咬东西的爱好,也是因鸟而异,还有喜欢咬纸、咬木头和咬壁纸的。除了享受口感,咬东西还能修整鸟喙,所以没事就咬一咬吧。

给主人的话

如果有不想被鹦鹉啄咬的物品,请务必收好。鹦鹉只是咬一咬倒没什么关系,但一旦把咬下来的东西吞进肚里,一定要马上去医院。如果异物堆积在嗉囊(p157)中,会导致鹦鹉生病。鹦鹉玩的时候,还是要看管好它。

# 嗯……便便不出来
#行动　#摇屁股

 摇摇屁股，稍稍用力

　　鹦鹉在飞行前都会排便。这样做能减轻体重，让飞行更轻松。因此，鹦鹉排便十分频繁。如果鹦鹉在排便前摇屁股则表示它排便费力，这是轻微便秘的征兆。完全排不出粪便是非常紧急的情况，拜托主人立刻带你去医院接受检查吧。

> **给主人的话**
> 　　导致鹦鹉便秘的原因很多，但主要原因是运动量不足。放鸟出笼后，请积极地陪我们玩，增加我们的运动量。主人多多开动脑筋，就一定能增加我们飞行和走路的时间。主人也一起运动起来吧。

专栏

小便是怎么回事呢

主人聊天时说的"我去大便"是什么意思？原来人类的排泄物分为尿液和粪便两种。我们鹦鹉的身体构造没有那么复杂。所有的排泄物都会一起排出来。一般来说，白色的是类似尿液的尿酸，深绿色的就是粪便。不过，食物的颜色很容易反映在排泄物上。吃了胡萝卜或红色的饲料，便便就会发红。

如果鹦鹉粪便的颜色或气味与以往不同，请主人一定要多多留意！和人类一样，我们鹦鹉也会出现血便，还会因为消化功能紊乱，导致食物被原封不动地排出来。通过粪便就可以确认鹦鹉是否健康。

# 拉了**好大一坨便便**啊
\# 行动　\# 排出较大的粪便

 为产卵做准备

　　鹦鹉保健课就要开始啦！鹦鹉的肠道、输尿管和生殖腺的开口都在一个空腔里，这个空腔叫作"泄殖腔"。因此，体内开始有卵形成时，身体也会开始为产卵做准备。为了让体积较大的卵顺利产出，泄殖腔会慢慢扩大，所以会排出比平时更大的粪便，自己可能都会被吓一跳。身体正在为当妈妈作准备，你不用觉得不好意思。

> **给主人的话**
> 　　家中鹦鹉第一次产卵，真是让人紧张啊……但在鹦鹉产卵之前，主人能做的事情并不多，所以，请主人不要慌张，陪在我们身边就可以了。

好想钻进狭窄的地方
\# 行动　\# 进入狭窄之地

 是鸟巢吗？好奇心被激发了呢

又到了我们最喜欢的出笼时间，可以玩各种各样的东西，好开心啊，真是看什么都好新奇！一旦发现狭窄的暗处，看也不看就会钻进去。胆子大的鹦鹉还会钻进空的纸巾盒或瓶瓶罐罐里。野外生存的鹦鹉需要经常寻找能躲避天敌的藏身之处，家养的鹦鹉或许还保留着天性，看到狭窄的暗处就会一头钻进去。不过，钻进去的时候一定要多加小心，当心进得去出不来！

> **给主人的话**
>
> 　　鹦鹉喜欢钻进狭窄的暗处，真是太可爱了。但如果认准一处钻进去不愿出来，主人就要多加留意了。如果鹦鹉把那儿当成巢，可能会导致不必要的发情。让我们钻进去玩一玩就好了。

 # 撞上了看不见的东西
\#行动 \#撞上窗户

 小心！那是玻璃窗

　　我们鹦鹉的视力非常好（p138），但是却看不到透明的玻璃。因为在鹦鹉的认知里是没有玻璃的，所以不知道也很正常。本来是朝着蓝天飞去的，结果却撞上了玻璃窗，跌落在地……发生这样悲惨的事故在所难免。鹦鹉有朝着光源飞行的习性，感觉到玻璃窗外的阳光，就想朝着阳光飞过去，这是无法改变的本能。就这一点来说，我们也拿自己没办法。

> **给主人的话**
> 　　放鸟出笼的时候，为了不让我们看到窗外的景色，请提前拉上窗帘。另外，还可以在窗玻璃上粘贴具有磨砂效果的贴纸。总之，不要让我们直接看到玻璃窗。当然，窗户也要关好，以防走失！

这是我的小窝吗？好兴奋

\#行动　\#钻进纸巾盒

 雌性鹦鹉会误认为鸟巢

请各位鹦鹉回忆一下小时候，你们还记得吗，妈妈的温柔呵护，还有温暖的小窝。通常，鹦鹉都是在巢中产卵、哺育幼鸟的。我们还留有这样的本能，钻进空纸巾盒里的时候，会觉得"这是鸟巢"，并因此发情。雄性鹦鹉也会有回忆鸟巢的情况。这或许也是一种"思乡之情"吧。

> **给主人的话**
>
> 有时雌性鹦鹉遇到能当作鸟巢的东西，如纸巾盒、空壶、空罐等，就会过度发情。此外，鸟帐篷也会让鹦鹉误以为是鸟巢，导致不必要的发情。给鹦鹉使用这些东西时，请仔细观察，确认是否有异常。

第四章　鹦鹉的奇妙行为

 # 没完没了地下蛋
\#行动　\#产卵

 如果产卵过多就要当心了

即使只有一只鹦鹉也可以产卵，这是由鹦鹉的身体构造决定的。一只鹦鹉自己产下的卵称为"未受精卵"，两只鹦鹉通过交配产下的卵称为"受精卵"。一旦雌性鹦鹉将玩具、镜中的自己当作伴侣，就会开启发情模式，然后就会产卵。据说产卵一年1~2次最好。

> **给主人的话**
>
> 经常听到有人说，本来以为自己养的是雄性鹦鹉，结果有一天发现它生蛋了才知道养的是雌性鹦鹉。这不奇怪，我还认识名为"小帅"的雌性鹦鹉呢。普通的发情、产卵（p49）代表鹦鹉身体健康，但是，如果产卵太多就要当心了！

专栏

如果鹦鹉下蛋了，该怎么办

哎呀，这只虎皮鹦鹉发情了，然后下了蛋。主人看到鸟蛋很吃惊，就将蛋收起来了。虎皮鹦鹉发现蛋不见了，又继续下蛋，就这样进入了"发情→下蛋"的恶性循环，这给虎皮鹦鹉的身体造成很大的负担。

咦！这是我的孩子吗？

不是，是我最爱的『鸟』的孩子！

主人好像被突然出现的鸟蛋吓到了。鹦鹉的正常繁殖周期（p49）中包括抱卵期，如果没有好好抱卵，繁殖周期就无法正常结束，甚至还有鹦鹉会吃掉或者弄破自己产下的卵。上述情况下，最好让鹦鹉抱个"伪卵"，主人记得帮忙准备哟。

第四章 鹦鹉的奇妙行为

 # 谁在镜子里呢
\#行动 \#照镜子

 镜中的鸟儿就是你自己

各位鹦鹉，你们有没有在亮晶晶的镜子中看到过一只"陌生"鹦鹉呢？镜子里面有一只不知名的鹦鹉，它生活在和你家相似的世界里。听说有一只虎皮鹦鹉，迷上了镜子中的"陌生"鹦鹉，立即反刍示爱。但其实，镜子是人类制造出来照自己的东西。也就是说，镜中的鸟儿就是你自己，所以，你迷恋上的是你自己。

> **给主人的话**
>
> "我家的鹦鹉可自恋了"，请不要这样嘲笑自家的鹦鹉。我们是真的以为镜中的是另一只鹦鹉，所以在认真地谈恋爱呢。不过，可能也有鹦鹉知道镜中的鸟儿就是自己，而且还在想"我好帅啊"。

挖呀挖，挖地板

\#行动　\#挖地板

 正在兴奋地玩耍

　　灰鹦鹉老师我非常喜欢挖地板！说不定地板下面藏着宝藏呢，快来挖挖看吧。如果真的挖到了，就能吃豪华大餐了，想想都开心。但是，很遗憾，什么都没挖到。挖地板是游戏的一个环节，会让鹦鹉进入沉迷和兴奋的状态。虽然只是玩游戏，但却能自得其乐，这对鹦鹉来说真的非常幸福。

> **给主人的话**
>
> 　　养鹦鹉之后，也许会出现这样的一幕：鹦鹉总是在一个地方不停地挖，把墙壁或地板弄得伤痕累累。这一幕让你很是烦恼。如果决定养鹦鹉，就请接受家里会遭受一定程度的破坏。最近，市面上有可以替换的木纹贴纸，请主人试着用它遮盖破坏痕迹吧！

撕纸条，筑爱巢

\#行动 \#将纸撕成细条

 桃脸牡丹鹦鹉特有的筑巢方式

  桃脸牡丹鹦鹉又在"嚓嚓嚓"地把纸撕成细条了，其他种类的鹦鹉不会这样，只有它们才会有这样的行为。原本，这是雌性桃脸牡丹鹦鹉才有的筑巢行为，但有些雄性桃脸牡丹鹦鹉也会这样做。有的桃脸牡丹鹦鹉还会将纸撕成细条后插在尾羽上，带到筑巢的地方去。能将纸撕成直直的一条，只能说太厉害了。到底是怎么做到撕得又细又匀称的……鸟的本能真是太强大了。

> **给主人的话**
>
>   鹦鹉的喙非常坚硬，能从很厚的纸上或书上咬下纸片。如果是重要的物品，请务必保管好。另外，筑巢也是在为产卵作准备。如果是雌性鹦鹉，并且处于持续产卵的过度发情状态，请想办法不要让它频繁发情。

躺在主人的手心里
#行动 #仰卧

躺在手心

 露出腹部，全身心交付主人

那只鹦鹉躺在主人的手心里，还是肚皮朝上的姿势？！露出了重要的腹部也没觉得不舒服，说明它完全信任它的主人。但是，并不是所有鹦鹉都能做到，比较擅长仰卧的有绿颊锥尾鹦鹉、桃脸牡丹鹦鹉、横斑鹦鹉，但也存在个体差异，能不能做到全看鹦鹉自己。野生的太阳锥尾鹦鹉在树洞里时偶尔也会仰卧着睡觉。

> **给主人的话**
> 仰卧表明我们信赖主人，但做不到也并非不信任你。鹦鹉存在个体差异，与主人的默契度也不尽相同。如果希望鹦鹉躺在手心，请在我们放松或想要被抚摸的时候试试看。

 # 好兴奋啊
\#行动 　\#冠羽竖起

 兴奋的时候，冠羽会"啪"地竖起来

　　粉红凤头鹦鹉和玄凤鹦鹉等凤头鹦鹉科的鹦鹉拥有冠羽，并可以通过冠羽表达情感。请看那边那只粉红凤头鹦鹉，它的冠羽竖起来了对吧？这表示它正在惊讶地想"呀！这是什么"，它充满好奇又兴奋激动。如果还发出"哔"的叫声，就说明它找到了特别感兴趣的东西。另外，感到愤怒与震惊时，凤头鹦鹉也会竖起冠羽表达"等等！你干吗"的心情。

> **给主人的话**
> 　　凤头鹦鹉科鹦鹉的冠羽会随情绪而动，所以主人很容易读懂它们的情绪。但是，不能只依赖冠羽，还要仔细观察鹦鹉的行为，不要放过我们发出的任何一个信号。

专栏

有关"冠羽"的冷知识

冠羽是凤头鹦鹉科鹦鹉特有的羽毛,只要观察冠羽的状态,就能掌握鹦鹉的情绪。除了前文中介绍的情况(p132),冠羽还有哪些状态呢?让我们一起来看一看。

冠羽完全放平

心情非常放松。希望平静地度过当下。请不要打扰它。

冠羽稍稍放平

紧张不安。附近可能有令它感到害怕的东西。

冠羽上下晃动

好奇心被激起,跃跃欲试却又有点害怕的犹豫心情。

我们有冠羽,所以很容易了解我们的心情。要是都有冠羽,所有鹦鹉的心情就都一目了然了。看到我的冠羽稍稍放平,感觉到我很不安,主人只要对我说"没关系,不怕不怕",我就安心了。

 ## 天啊！好可怕
\#行动　\#玄凤鹦鹉的恐慌

 胆小的玄凤鹦鹉很容易陷入恐慌

　　玄凤鹦鹉，请你冷静一点！在所有种类的鹦鹉中，玄凤鹦鹉胆子最小。它们会被陌生的声音吓到，也会因为做梦感到恐慌，然后一边叫一边在笼子里乱飞乱撞，有的玄凤鹦鹉会因为脸或翅膀撞上鸟笼而受伤。什么？其他鹦鹉也会陷入恐慌而乱飞乱撞？那可能是因为身上有螨虫，它们感觉不舒服吧。

> **给主人的话**
> 　　玄凤鹦鹉容易在晚上受到惊吓，并且可能导致受伤。受到惊吓后，只要主人温柔地对它说"没事的"，它就能慢慢平静下来。如果慌慌张张地跑过去看它，发出的声音反而会让它更恐慌，请多加注意呀。

我很会聊天
#行动 #爱说话 #不说话

 雄性虎皮鹦鹉很会聊天

鹦鹉品种众多,有的擅长聊天,有的不爱说话。要说谁是"话痨",那一定是雄性虎皮鹦鹉,无论短句还是长句都不在话下!它们会仔细聆听主人说话,然后不断练习。不过,擅长聊天的虎皮鹦鹉里也有"不想说话"的内向鹦鹉,请不要因为它不喜欢说话就嘲笑它。对了,灰鹦鹉老师我也非常喜欢聊天!

> **给主人的话**
>
> "好想和鹦鹉聊天!"有些主人兴致勃勃地想与我们互动。但是,说不说话和我们的个性有很大关系。我们不说话却强迫我们开口,是很自私的行为。

休息一下

纸巾盒

嘴巴打击乐

第五章

身体的秘密

"为什么鹦鹉会飞?" "鹦鹉的鼻子在哪里?" 让我们一起探索鹦鹉身体构造的秘密吧。

鹦鹉的眼睛厉害吗
#身体　#视力　#视野

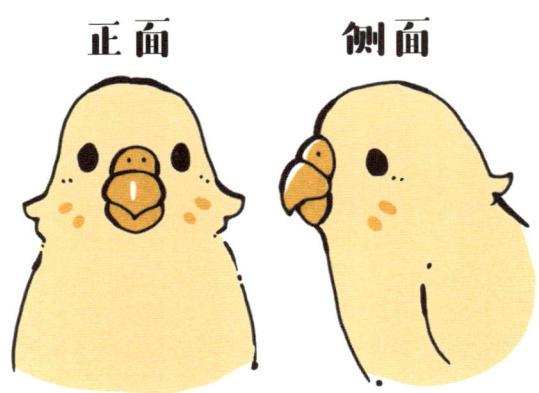

正面　　　侧面

 视力是人类的3～4倍，视野超过300°

　　让我们再次照照镜子，仔细看看自己吧。我们鹦鹉的眼睛以嘴巴为对称轴，对称地分布在头部两侧。请和主人对比看看，鸟类和哺乳类动物是不是差别很大？鹦鹉拥有单眼180°、双眼330°的视野。为了在野外环境中生存下来，防范天敌比什么都重要。因此，鹦鹉的视力与视野都很好，可以随时保持警戒。

> **给主人的话**
> 　　视力极佳的鹦鹉能发现人类看不到的小虫或灰尘。要是我们一直盯着某处看，很可能就是发现了什么。

可以看到很多颜色吗

\#身体　\#辨别颜色

 连紫外线都能看到，鹦鹉的世界五彩缤纷

各位鹦鹉，你们知道吗？我们鹦鹉不仅有色觉，就连紫外线的颜色我们也能分辨出来，但人类就看不到紫外线的颜色。据说，在整个动物界中，鸟类的视觉最发达。对于我们来说，很难想象看不到紫外线的世界，那应该很无趣吧。即便如此，因为能看到相同的景色，所以鹦鹉和人类才能和睦相处。

> **给主人的话**
>
> 因为我们能识别各种颜色，所以每只鹦鹉都有各自喜欢的颜色。虽然尚不清楚原因，但是大部分鹦鹉都害怕又黑又大的东西。每天和我们生活在一起，主人知道我们喜欢什么颜色吗？

第五章　身体的秘密

必杀技！反向眨眼

\#身体　\#眼睑

 拥有第三眼睑——瞬膜

让我们观察一下主人闭眼时的样子吧，他的眼皮是从上往下移动的，对吧？现在轮到灰鹦鹉老师我了。看到了吗？我的眼皮是从下往上闭合的。准确地说，鹦鹉移动的是名为"瞬膜"的半透明膜。瞬膜覆盖眼球时，我们依然能看得见。瞬膜的作用是保护眼球。也许只有人类没有瞬膜吧，防护力不足，真的没关系吗？

> **给主人的话**
>
> 其实，主人你经常能看到我们的瞬膜。被主人挠痒痒时，舒服地闭上眼睛，这时你就能看到我们的瞬膜。对鹦鹉来说，被主人挠痒痒的舒服程度，就好像人类泡温泉时陶醉地说："啊，好舒服。"

专栏

鹦鹉的眼睛其实很大

经常有人说："鹦鹉圆溜溜的小眼睛真可爱。"但请等一下，也许眼睛看起来的确圆溜溜的，但鹦鹉的眼球非常大！听说人类女性会千方百计让眼睛看起来更大，老话说"真人不露相"，鹦鹉悄悄地将大眼睛藏起来啦。请看下图，鹦鹉有这么大的眼球呢。所以，不要再说我们眼睛小啦！

我们鹦鹉可不单单是眼神好这么简单。卓越的视力可以将庞大的信息传递给大脑，而只有大脑足够发达，才能处理如此庞大的数据。所以，不要以为我们很傻哦。

 # 鹦鹉有鼻子吗
#身体 #没有鼻子

你有鼻子啊

 其实藏在羽毛里

　　桃脸牡丹鹦鹉盯着虎皮鹦鹉，突然发现虎皮鹦鹉有大大的蜡膜（鼻孔），而自己却没有，顿时备受打击。其实这样的事，在鹦鹉界很正常。虎皮鹦鹉的嘴巴上方，鼻孔显而易见。相比之下，桃脸牡丹鹦鹉没有明显的鼻孔，它的鼻孔藏在羽毛里了。鹦鹉都是有鼻孔的，请放心吧。

> **给主人的话**
>
> 　　鹦鹉的鼻孔分为两种。虎皮鹦鹉和玄凤鹦鹉等生活在干燥地区的鹦鹉，鼻孔多外露；桃脸牡丹鹦鹉和牡丹鹦鹉等住在多雨地区的鹦鹉，鼻孔则多藏在羽毛中。

# 这是什么味道
#身体 #气味

 其实鹦鹉对气味的感知有点迟钝

　　鹦鹉常被认为是"吃货"，这一点确实无法否认。但我们并不会像人类那样"光闻香味就流口水了"。相反，鹦鹉对气味并不敏感。哺乳动物在寻找猎物时需要闻气味。但鹦鹉是在明亮的白天活动的，因此，通过眼睛就能获取大量的猎物信息，不需要靠气味寻找猎物。

给主人的话

　　虽然我们对气味的感知比较迟钝，但主人不可以不洗澡、不刷牙，毕竟我们多少还是能闻到点臭味的。对人类和鹦鹉来说，保持清洁是基本礼仪，请在身体发出异味前设法消除异味！

 好……好难受

\#身体　\#烟很危险　\#精油很危险

 不能接触挥发性物质

　　鹦鹉的嗅觉不是很发达，所以经常会被误认为"什么都闻不到"。但是，如果将烟或其他挥发性物质吸入体内，鹦鹉可能会因此丢掉性命。主人做饭时的油烟或吸烟时产生的二手烟，对鹦鹉来说都是致命的。另外，鹦鹉对精油或指甲油等挥发性物质也非常敏感。鹦鹉完全无法选择呼吸什么样的空气，只能拜托主人多多留意了。

给主人的话

　　挥发性物质在鹦鹉的体内无法分解，会导致鹦鹉出现中毒症状，症状如果持续恶化就会夺走鹦鹉的生命，这样惨痛的教训并不鲜见。再次提醒主人，请在生活中多多留意。

 ## 鹦鹉是**有耳朵**的
\#身体　\#没有耳朵

耳朵就在这里

第五章　身体的秘密

 鹦鹉的耳朵在脸颊后侧

因为没有像其他动物一样明显的耳郭，所以鹦鹉经常被问"你有耳朵吗"。其实，耳孔就在脸颊的后侧。鹦鹉是很注重用声音沟通的生物，所以倾听声音的耳朵非常发达。"从哪儿传来的声音？"鹦鹉听到声音转动脖子的时候，头会像雷达一样动来动去，直至调整到它容易听清的位置。

给主人的话

虽然鹦鹉的听力很好，但听不清低音。所以跟我们说话时，请尽量提高音量。比如口哨声，我们就很容易听到，也许还会误以为："咦，主人也是鹦鹉吗？"

给你看看我强壮的胸肌
#身体 #肌肉男

肌肉发达

 鹦鹉的肌肉很发达

　　我们鹦鹉全身都裹满了羽毛，还有一双纤细的脚，因此总是给人一种柔弱之感。但其实，鹦鹉胸部的肌肉非常健硕！为了扇动翅膀飞翔，必须拥有强壮的肌肉，如果胸肌无力就无法飞行了。有些家养的鹦鹉很胖，胸部的肌肉软趴趴的，挥动翅膀都很费劲。身为鹦鹉，飞翔是基本技能，大家要好好保持身材呀。

给主人的话

　　听到"胸肉"，很多人都会想到超市卖的鸡胸肉吧。这是一大块发红的肌肉，附着在结实的龙骨突上。如果感兴趣的话，不如请教一下宠物医生吧。

鹦鹉的骨骼很轻
#身体 #骨骼

 很轻，但很结实

各位鹦鹉，你们认为"会飞翔"是很厉害的本领吗？我们鹦鹉体内没有引擎，为了用宽大的翅膀飞向高空，身体付出了各种各样的努力，其中一个就是让身体轻量化，就连骨头也变轻了！鹦鹉的骨骼称为"含气骨"，这是一种骨质轻、内含气体的骨骼。从X光片上看的话，骨骼内有很多空隙。虽然骨密度比人类低很多，但这是鹦鹉与生俱来的身体构造。

给主人的话

据说，鹦鹉的骨骼重量只占体重的5%。骨骼中并非只有空隙，还有细长得如肌肉一般的物质保持骨骼的强度，这就像人类架桥时使用的桁架结构一样。咦，人类架桥是和鹦鹉学的吗？

鹦鹉会储藏空气
\#身体　\#空气仓库

 拥有特殊的呼吸器官——气囊

　　家养的鹦鹉虽然大多数时间都是在鸟笼中度过的，但在野外也能飞得很高。生活在澳大利亚的玄凤鹦鹉和虎皮鹦鹉的飞行速度非常快，长时间飞行也难不倒它们。不过，在空气稀薄的高空持续飞行，运动强度相当大。飞行时呼吸平稳的秘诀是特殊的身体构造。鹦鹉体内有随时能吸入新鲜空气、像空气仓库一样的气囊。

> **给主人的话**
> 　　读到这里，主人应该可以了解到为了飞行，我们鹦鹉的身体经过了多么特别的进化了吧？因此，请千万不要忘记每天将我们放出鸟笼，让我们多多活动这天生适合飞行的身体吧。

好喜欢走路
\#身体　\#走路

走啊走啊

 保留着在树上生活的习性

飞行是鹦鹉的基本技能。但如果距离没有那么远，我们鹦鹉也很喜欢在地上走路。就算是鸟，持续飞行也会累，特别是体型中等或较大的鹦鹉，它们走路比飞行更轻松——身体越大，脚爪就越大、越发达、越适合步行。鹦鹉原本生活在树上，所以也许还保留着在树枝间走动的习性。

> **给主人的话**
>
> 其实，比起在天上飞，有些鹦鹉更喜欢在地面上行走。有的鹦鹉喜欢在地上追着主人跑（p50），还有的鹦鹉会在对面跳啊跳，吸引主人的注意（p69）。

第五章　身体的秘密

# 用爪子吃饭礼貌吗
\# 身体　\# 用爪子抓取食物

 这是鹦鹉的用餐礼仪

　　鹦鹉会用爪子灵活地抓取喜欢的食物，然后举到嘴巴前面，大口地咀嚼。可以说，这是鹦鹉的用餐方式之一。鹦鹉的爪子被称为对趾足，两趾向前，两趾向后，十分适合抓握。麻雀等鸟类的爪子是常态足，三趾向前，一趾向后，比起抓东西，更适合飞行或游泳。同样都是鸟类，身体构造却不尽相同。

给主人的话

　　鹦鹉的脚爪十分灵活，站在栖木上时，还能举起一只爪子做其他的事情。所以，当我们举起一只爪子晃啊晃，就是在邀请主人和我们一起玩。请陪我们玩一会儿吧。

鹦鹉的嘴巴也很灵活

#身体 #喙

 嘴巴是第三只脚

　　鸟的种类不同，嘴巴的大小也不同，但鹦鹉的嘴巴占据了面部一半的大小。特别是桃脸牡丹鹦鹉和牡丹鹦鹉，身体小小的，嘴巴却大大的。鹦鹉的嘴巴无所不能，不仅可以做精细的动作，比如灵活地剥下种子的外壳，还能咬碎坚硬的东西。梳理羽毛等细致的工作也靠嘴巴完成。有时嘴巴还能充当武器，甚至能将对方送进医院。看到我的嘴巴，你怕了吗？

> **给主人的话**
> 　　嘴巴灵活的鹦鹉会制造很多恶作剧，比如把遥控器的按键咬坏之类的，真的很让人头疼。如果你家也有这样的困扰，就给它一些咬坏了也无所谓的玩具吧，让它尽情享受用嘴巴破坏东西的乐趣。

第五章　身体的秘密

鹦鹉也有食物偏好
#身体　#食物偏好

 鹦鹉是有味觉的

　　我们鹦鹉对食物也有偏好。实际上，如同人类拥有味蕾，鹦鹉的嘴里也有分辨味道的感觉器官，通过它，鹦鹉能感知到甜、酸、苦、咸、鲜五种味道。可以说，"味蕾"的数量决定了该动物是不是美食家。鹦鹉可是"味蕾"数量最多的鸟，我们的"味蕾"数量大约是鸡的20倍、鸭的2倍。之所以对食物有偏好，正是因为鹦鹉有发达的味觉。

> **给主人的话**
>
> 　　虽然这么做会让喜欢零食的鹦鹉不开心，但还是请主人不要纵容它们。如果主人认为"没办法，我家鹦鹉就是爱吃"，进而过度溺爱鹦鹉，无法拒绝它们的请求，过多的零食投喂就会导致鹦鹉变胖，损害我们的身体健康！

 # 鹦鹉爱吃辣吗
\#身体　\#喜欢吃辣

 不是喜欢吃辣，而是对辣味迟钝

　　各位鹦鹉，你们知道吗，国外有添加了辣椒的鹦鹉饲料。我以前吃到过别人送的德国伴手礼，味道和平时吃的饲料不一样，说不上哪里不同，但真的很特别，非常有意思。听说辣味不是靠"味蕾"感知的，而是一种灼热的痛觉。所以，正确的说法是，我们鹦鹉不是"能吃辣、爱吃辣"，而是"感觉不到辣"。

> **给主人的话**
> 　　鹦鹉的舌头对痛觉感应很迟钝，所以几乎感觉不到辣。不过，这并不代表鹦鹉喜欢吃辣。请不要觉得"反正它们不怕辣"，就在饲料里撒辣椒粉。

正常体温 40℃

#身体　#正常体温

 总是热血沸腾，所以体温很高

一到冬天，主人就会把我们捧在手心，一脸满足地感叹"好暖和"，这是因为鹦鹉的体温比人类高4℃左右。为了提供飞行所需的能量，鹦鹉的身体会不断消耗热量，维持较高的体温，所以我们的身体总是处于"随时都能起飞"的热身状态。这就像专业运动员一样，真是太帅了！

> **给主人的话**
>
> 鹦鹉从食物中获取能量，维持体温。因此，身体状况不佳时，容易导致食欲下降，难以维持体温。体温下降就是我们身体状况不佳的重要信号。如果出现蓬羽（p98）的情况也要特别留意。

吃饭都是用吞的
#身体　#没有牙齿

一口吞下

 鹦鹉没有牙齿

　　灰鹦鹉老师我也是最近才知道，人类和其他一部分生物的嘴里有牙齿这种东西。而且，听说他们没有牙齿就无法进食，这有点吓到我了。我们鹦鹉天生就没有牙齿。我们吃东西基本都是整个儿吞进去的，所以不需要牙齿，食物进入口中被完整吞下，再在胃中磨碎消化。

> **给主人的话**
> 　　请仔细观察我们进食的样子。你发现了吗？我们没有咀嚼的动作。对，鹦鹉不会咀嚼。所以，我们的餐桌礼仪非常好，不会一边吃一边睡觉，也不会一边吃一边讲话。

第五章　身体的秘密

# 鹦鹉有几个胃

#身体 #两个胃

 用两个胃仔细消化

鹦鹉不会咀嚼（p155），所以食物是在胃里被慢慢地分解、仔细地消化的。因此，鹦鹉有两个胃。第一个是前胃（腺胃），它会分泌胃液，溶解食物，并将食物送往下一个胃；第二个是后胃（肌胃），也称"砂囊"，具有强韧的肌肉组织，能轻松消化坚硬的种子。人类当作下酒菜的鸡胗就是鸡的砂囊，据说吃起来爽脆、有嚼劲。

> **给主人的话**
>
> 我们鹦鹉是一种很神奇的生物。比如，以水果或花蜜为主食、不吃种子的鹦鹉的后胃就不太发达。食物的选择与身体构造是有直接关系的，因此请主人充分了解自家鹦鹉的习性，为它选择合适的食物。

专栏

食物的消化

有的生物能用牙齿咬碎食物，但鹦鹉却不行，所以，就算是坚硬的种子也是完整吞下。首先将食物积攒在嗉囊中泡软；然后在前胃和后胃中充分消化食物；接着利用胰脏的胰液和肝脏的胆汁在小肠中再次消化食物，吸收营养；最后通过大肠再次过滤养分后，将粪便通过泄殖腔排出体外！这样的消化途径看起来好像比人类的消化更高效。

第五章 身体的秘密

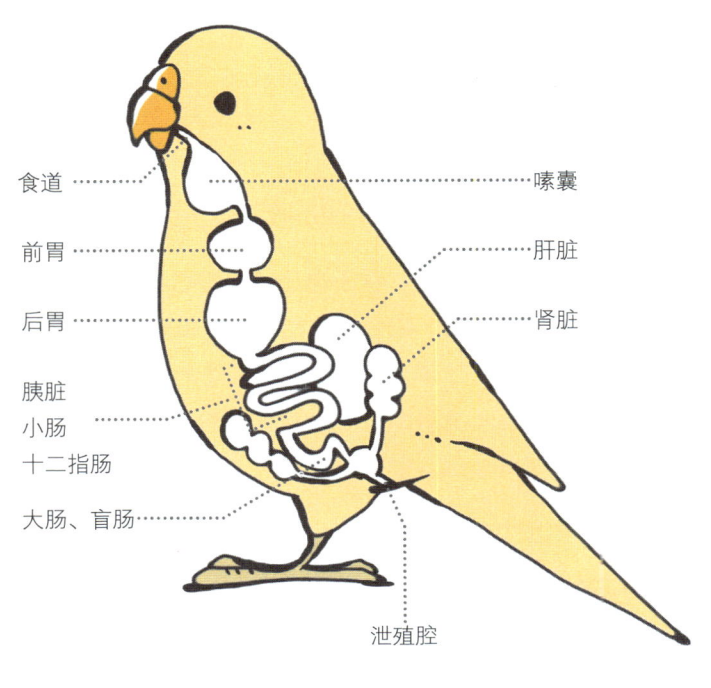

食道
前胃
后胃
胰脏
小肠
十二指肠
大肠、盲肠
嗉囊
肝脏
肾脏
泄殖腔

 ## 身体会分泌油脂
#身体　#尾脂腺

 别紧张！油脂具有重要的防水功能

　　各位鹦鹉，大家转过身，看看自己的尾部吧。在尾羽根部有一个名为"尾脂腺"的腺体，它会分泌出油脂。梳理羽毛时，可以用嘴巴从这里沾上油脂并涂满全身。生活在水边的鹦鹉的尾脂腺十分发达，住在干燥地区的玄凤鹦鹉的尾脂腺则不太发达，而大型的亚马孙鹦鹉根本没有尾脂腺。如果用热水洗澡，油脂就会溶解，这时很容易感冒，请千万小心！

> **给主人的话**
>
> 　　你想看看尾脂腺吗？尾脂腺是我们的敏感部位，如果和鹦鹉亲密度不够，可能很难观察到。如果你和我们一样好奇心旺盛，无论如何都想看一下的话，请在给我们洗完澡擦干身体后仔细观察一下吧。

鹦鹉也有头皮屑吗

\#身体　\#像头皮屑的东西

 那是"羽粉"

一天，玄凤鹦鹉告诉虎皮鹦鹉："你每次梳理羽毛时都会掉下头皮屑。"虎皮鹦鹉为此大受打击。据说，在鹦鹉当中，白色的凤头鹦鹉身上的羽粉最多，大型的葵花凤头鹦鹉身上的羽粉也很多！对于这些类似头皮屑的羽粉，人类至今仍有很多未解之谜。不过，那是身体健康的证明，请主人放心吧。而且，据说羽粉还有防水的作用。

> **给主人的话**
>
> 　　如果你养了一只容易掉羽粉的鹦鹉，就请好好打扫卫生吧！千万不要小看羽粉，如果长期不去清理，时间久了羽粉会"积土成山"的。顺便说一下，有些主人非常喜欢羽粉的香味。

叫得很大声
#身体 #声音的大小

 鹦鹉鸣叫就是沟通

对于习惯群居生活的鹦鹉来说，与左邻右舍的互动非常重要。因为鹦鹉是用声音沟通的，所以为了传达信息有时会叫得很大声。身材娇小的桃脸牡丹鹦鹉一旦兴奋起来，会发出超乎想象的声音。虽然并不想给主人造成困扰，但我们实在无法控制自己的音量。幸好，我们有时也会发出悦耳的鸣唱。

给主人的话

有些大型鹦鹉会发出雄鸡啼叫一般洪亮的声音，比如体形较大的白色凤头鹦鹉的叫声就非常吓人！不过，在责骂或制止前，请主人好好想一想我们为什么会叫。

—— 专栏 ——

这时就要大声叫

在某些情况下，鹦鹉不得不大声鸣叫。以下情况，望主人知悉。

寂寞

鹦鹉不喜欢孤零零的感觉。稍微感觉被孤立了，就会用大叫刷存在感。

乞食

如果是爱吃又任性的鹦鹉，到了吃饭时间却没看到食物，就会大声抗议。

激动

不能出笼子、没人陪玩的时间长了，鹦鹉就会在笼子里大吵大闹！

害怕

窗外有乌鸦或猫，天啊！被吓到的鹦鹉会发出恐惧的鸣叫。因为胆小，所以忍不住大叫。

> 鹦鹉发出叫声，肯定是有某种原因的，请用心查明吧！有时我们会发出令主人倍感困扰的呼叫（p40），那是想让主人陪玩的大声请求。有求必应可能会让我们变得任性，所以即使很可怜，主人也要视情况偶尔忽略这种呼叫。

第五章　身体的秘密

珍贵的羽毛都掉了
\#身体　\#掉羽毛

 换季时就是换羽时

一只年轻的鹦鹉一边流泪一边说:"我……我引以为傲的羽毛最近掉了。"没关系的,我们的羽毛基本每年都会更换一次。在春季或秋季的换季时节,羽毛会自行脱落,之后再根据季节长出新的羽毛。如果你的家里全年都开着空调,季节变化不明显,那么换羽的过程就会持续一整年。

> **给主人的话**
>
> 鹦鹉在换羽期会消耗更多能量,因此要食用高蛋白的饲料以及大量蔬菜。如果鹦鹉在非换羽期脱毛或换羽期后羽毛一直未长好,可能是疾病导致的,请主人尽快带它就医。

专栏

各种各样的羽毛

"羽毛"是一个笼统的概念,鹦鹉身上长着各种各样的羽毛。有些很爱鹦鹉的主人会收集鹦鹉在换羽期间掉落的羽毛。你知道吗,尾羽等较长的羽毛接上笔尖就能做成羽毛笔呢!

第五章 身体的秘密

绒羽

绒毛
长在最靠近皮肤的地方,起保温作用。

半绒毛
大腿部分的绒毛。小而轻盈。

正羽

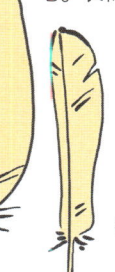

翼羽
飞行用的羽毛。长而美丽。

尾羽
用来改变飞行方向的羽毛。

对鹦鹉来说,相互梳理羽毛是加深情感、增进亲密度的方式。所以,如果主人帮我们梳毛,我们会非常开心。不过,请别硬拔鹦鹉的羽毛。在换羽期,脱落的羽毛偶尔会粘在鹦鹉身上,如果看到了,请帮它轻轻摘掉。

第六章

鹦鹉冷知识

本章将介绍关于鹦鹉的各种冷知识。

鹦鹉的祖先真的是恐龙吗
冷知识　# 祖先

 没错！追根溯源就是恐龙

娇小可爱的我们的祖先竟然是庞然大物——恐龙，真是让人难以置信。但是，经过各种研究发现，包括鹦鹉在内的鸟类与恐龙有很多共同点，例如双足行走、骨骼构造、孵化方式等。最近，还出土了身上长有羽毛的恐龙化石。也许，我们鹦鹉的座右铭"为爱而生"也是传承自恐龙。

> **给主人的话**
>
> 　　恐龙诞生在大约2亿年前。由此可见，善于用双足行走这件事，鸟儿可比人类早得多。顺便一提，"鸟类是恐龙的后代"这个说法始于十九世纪六十年代，没想到这么早人们就知道这件事了。

灰鹦鹉老师也是鹦鹉吗

\# 冷知识　　\# 鹦鹉的种类

 灰鹦鹉也是鹦鹉。鹦鹉的同伴约有360种

现在才问这个问题呀（笑）。的确，我和虎皮鹦鹉的个头、长相、毛色都不一样。不过，我和在座的各位都是鹦鹉。鹦鹉在生物分类学上属于鹦形目，同属这一目的鹦鹉共有360种，鹦形目又分三个科：有冠羽和弯曲的喙的凤头鹦鹉科，舌尖呈刷状、主食为花蜜和水果的吸蜜鹦鹉科以及鹦鹉科。

给主人的话

对于鹦鹉的分类，人类学者持不同意见，这里介绍的三个分类也并非绝对。此外，鹦鹉的品种不同，性格和习性也不同。如果想要与鹦鹉一起生活，请充分了解它的相关知识。

— 专栏 —

宠物鹦鹉大集合

下面介绍几种经常被人类饲养的鹦鹉。

虎皮鹦鹉

与人类很亲近,擅长社交。雄性鹦鹉很擅长聊天。

- 栖息地　澳大利亚南部
- 身长　约 20 cm
- 体重　约 35 g
- 寿命　8～12 年

桃脸牡丹鹦鹉

好奇心旺盛。深情,也爱吃醋。

- 栖息地　非洲西南部
- 身长　约 15 cm
- 体重　约 50 g
- 寿命　10～13 年

牡丹鹦鹉

感情热烈。比桃脸牡丹鹦鹉略内向。

- 栖息地　非洲南部
- 身长　约 14 cm
- 体重　约 40 g
- 寿命　10～13 年

玄凤鹦鹉

性格温和,没有戒心。非常胆小。

- 栖息地　澳大利亚
- 身长　约 30 cm
- 体重　约 90 g
- 寿命　13～18 年

绿颊锥尾鹦鹉

活泼，爱说话。也有淘气的一面。

- 栖息地：南美洲
- 身长：约 25 cm
- 体重：约 65 g
- 寿命：13～18 年

凯克鹦鹉

活泼好动，喜欢玩游戏或搞恶作剧。

- 栖息地：巴西
- 身长：约 23 cm
- 体重：约 165 g
- 寿命：约 25 年

粉红凤头鹦鹉

喜欢和人类相处，最喜欢玩游戏。

- 栖息地：澳大利亚
- 身长：约 35 cm
- 体重：约 345 g
- 寿命：约 40 年

太平洋鹦鹉

性格顽皮，体形小巧，但咬合力强劲。

- 栖息地：南美洲
- 身长：约 13 cm
- 体重：约 33 g
- 寿命：10～13 年

灰鹦鹉

鸟类中最聪明的。性格敏感、谨慎。

- 栖息地：非洲
- 身长：约 33 cm
- 体重：约 400 g
- 寿命：约 50 年

 # 野生鹦鹉生活在哪里

\#冷知识　\#出生地

 我们的出生地气候温暖

　　我们鹦鹉原本居住在热带地区。灰鹦鹉、牡丹鹦鹉和桃脸牡丹鹦鹉来自非洲，虎皮鹦鹉、玄凤鹦鹉和粉红凤头鹦鹉来自澳大利亚，横斑鹦鹉和太平洋鹦鹉来自南美洲。所以，鹦鹉比较耐热、畏寒。到了冬季，需要用供暖器温暖鹦鹉生活的房间，否则鹦鹉的身体状况就会变差。各位鹦鹉，主人有没有帮你们做好御寒措施？

> **给主人的话**
>
> 　　鹦鹉的脚爪变凉（p97）或是蓬起羽毛（P108）都是体温调节不畅的征兆。请根据季节及时调整室内温度，否则会导致鹦鹉身体不适。另外，室内湿度请保持在50%～60%。

野生鹦鹉独自生活吗
#冷知识 #群居

 野生鹦鹉过着群居生活

前文提到过,野生鹦鹉都过着群居生活(p18)。为了抵御天敌,很多鹦鹉会成群结队地聚在一起。在野外过着群居生活的动物并非只有鹦鹉,还有狗的近亲狼和狮子,狼群大约10头生活在一起,狮群则是20头左右。那么,群居的鹦鹉共多少只呢?答案是50~100只,有时甚至是成千上万只。这个数量是不是非常惊人?

> **给主人的话**
> 虽然野生鹦鹉过着群居的生活,但没必要非得给家里的鹦鹉找个新朋友。毕竟家中的鹦鹉和新来的鹦鹉不一定能和睦相处,如果它们真的结成伴侣,就会把主人晾在一边了。

鹦鹉中有没有百岁寿星

\#冷知识 \#寿命

 有超过100岁的长寿鹦鹉

说到超过100岁的长寿鹦鹉，就不得不提出生于南美洲的金刚鹦鹉。虽然有个体差异，但它们的长寿可是出了名的。人类也许会认为，被称为"宠物"的我们寿命并不长。但其实，除了金刚鹦鹉，宠物鹦鹉中的灰鹦鹉等大型鹦鹉也能轻轻松松活过50年。虎皮鹦鹉、牡丹鹦鹉和桃脸牡丹鹦鹉等小型鹦鹉的寿命约为10年。

> **给主人的话**
>
> 鹦鹉的寿命比主人想象中的要长。无论饲养哪个品种的鹦鹉，都不要中途弃养。决定饲养鹦鹉前，除了饲养环境，鹦鹉的寿命也需要仔细考量。

能从外观上分辨鹦鹉的性别吗

#冷知识　#性别

 鹦鹉的性别很难从外观上判断

由于身体构造的原因，人类很难从外观上一眼就分辨出鹦鹉的性别。鹦鹉的性器官藏在羽毛下，不易被发现。喂，那只鹦鹉，别看啦，以后长成成鸟，有不少机会能确认性别呢。鹦鹉之间十分清楚彼此的性别，这一点无须担心。有些鹦鹉的羽毛颜色会因性别不同而不同（p174）。

> **给主人的话**
>
> 鹦鹉受欢迎的条件之一就是鲜艳的颜色，但人类即便使劲盯着看，也看不出色差。不过，鹦鹉并不仅仅通过外观颜色来选择伴侣，是否能温柔以待才是俘获鹦鹉芳心的关键。

 # 外观完全不同的鹦鹉会成为情侣吗

\# 冷知识　\# 外观的差异

 指的是折衷鹦鹉吧

　　从外观能清晰区分性别的折衷鹦鹉可以说是鹦鹉界的特例，雄性为绿色，雌性为红色和紫色。既然它们在鹦鹉界是少有的存在，那让我们来看看其他鸟类情侣吧。雄性孔雀或雄性雉鸡的颜色都很鲜艳，还长有用来吸引雌性的帅气饰羽。在这一点上，鹦鹉无论雌雄，都有亮丽的颜色。也许对鹦鹉来说，恋爱时积极的态度比外观更重要。

> **给主人的话**
>
> 　　从蜡膜（鼻孔）的状态或颜色可以区分鹦鹉的性别。一般情况下，雄性虎皮鹦鹉的蜡膜有光泽，而雌性虎皮鹦鹉的蜡膜较干燥并呈褐色。但羽毛的颜色和身体状况都会导致蜡膜的颜色发生变化，所以这种判断方法仅供参考。

灰鹦鹉是学霸吗
#冷知识　#智商高

 智商相当于三岁儿童

　　鸟类是非常聪明的动物，会使用工具，记忆力也很好，其中尤以大型鹦鹉最为优秀。我的大前辈灰鹦鹉亚历克斯和它的老师佩珀伯格（Irene Maxine Pepperberg）就向世人展示了鹦鹉的高智商。亚历克斯会用人类的语言进行简单对话，还会数数，是一只非常优秀的灰鹦鹉，据说它的智商相当于三岁小孩。

> **给主人的话**
> 　　也许正因为智商高，所以我们情感丰富。请主人不要说什么"鹦鹉才不会懂"，以平等的关系深情以待，我们一定会非常开心。

不要再熬夜了
\#冷知识　\#昼行性

 基本生活模式就是早睡早起

　　有些主人是夜间活动、白天睡觉的"夜猫子",这会让一起生活的鹦鹉十分烦恼。因为我们鹦鹉是日出而作、日落而息的昼行性动物,很难配合主人的夜生活(也有极少数例外)。如果持续在夜间活动,会给鹦鹉的身心造成负担。在发展成严重疾病之前,真希望主人能注意到这个问题。

> **给主人的话**
>
> 　　为了配合夜生活丰富的人类而改变生活节奏,对鹦鹉来说是一种负担。勉强配合的话,可能会使我们生病或开始厌烦主人。希望主人能尽量和鹦鹉同频,一起过上早睡早起的健康生活。

专栏

特别采访！生活作息规律的鹦鹉

尽管我们和人类的生活节奏不同，但依然保持着规律的作息。让我们来看看鹦鹉的一天是如何度过的吧！

黑帽锥尾鹦鹉的一天

 开灯

每天太阳升起来时打开灯，这是起床的信号。主人起床后拉开窗帘，外面的阳光照进来，家里就更明亮了。

 听有趣的音乐

在每天的固定时段，听听电视里的声音，再看看荧幕里的人动来动去，真有趣啊。

 关灯

主人回来后，陪我玩了一会儿，然后家里变得漆黑。一天就这样结束了，晚安。

虽然我的主人不是"夜猫子"，但他总是赖床，晚上也是很晚才睡。不过，为了让我能早睡早起，他想了很多办法。即使主人不在家，我也有很多有意思的事可以做，完全不会无聊。各位鹦鹉的主人要是都能像我的主人一样就好了。

 ## 喂喂！别过来呀
#冷知识　#叛逆期

 你显然进入叛逆期了

  你叛逆的态度让灰鹦鹉老师想起了年轻时的自己。显然，你开始进入叛逆期了。鹦鹉一生会有两次叛逆期。第一次是幼鸟时代自我意识萌芽的反抗期，第二次是身心发育容易失衡的性成熟前期的青春期。在这两次叛逆期，鹦鹉都会变得易怒。随着时间的推移，有一天你也能像我一样心平气和地回忆过往，说一句"我也有这样的时候"。顺便一提，人类在成长过程中，也会经历两次叛逆期。

> **给主人的话**
>
>   "我家鹦鹉突然开始咬我了"，主人也许会很伤心。不过，这只是鹦鹉成长发育的一个阶段而已。鹦鹉处于叛逆期，说明它正在健康成长，请主人耐心守护吧。

专栏

鹦鹉的成长日历

鹦鹉的身心会随着成长逐渐成熟。好好了解自己的成长发育，接受各种情绪变化吧。

新生雏鸟
刚刚孵化出来，在巢箱里被父母照顾，还没有感情与判断力。
* 小型、中型→孵化后的 20 天之前
* 大型→孵化后的 25 天之前

喂食雏鸟

离开巢箱，直至能独立进食。萌生感情与判断力。
* 小型→20～35 天
* 中型→20～50 天
* 大型→25 天～3 个月

幼鸟
从独立进食到长出成鸟的羽毛（雏鸟换羽）。开始有自我意识和个性。
* 小型→35 天～5 个月
* 中型→50 天～6 个月
* 大型→3～8 个月

小鸟
从雏鸟换羽到性成熟期之前。开始自立的生活，掌握社会性。
* 小型→5～8 个月
* 中型→6～10 个月
* 大型→8 个月～1.5 岁

第一次叛逆期

成鸟、性成熟前期
从性成熟期开始到繁殖适应期。这个时期身心容易失衡。
* 小型→8～10 个月
* 中型→10 个月～1.5 岁
* 大型→1.5 岁～4 岁

第二次叛逆期

完成鸟、性成熟完成期
繁殖适应期。对伴侣的爱变得异常强烈，有时甚至引发问题。
* 小型→10 个月～4 岁
* 中型→1.5 岁～6 岁
* 大型→4～10 岁

安定鸟
繁殖适应期结束，进入成熟期。精神方面变得安定，有时会感到无聊。
* 小型→4～8 岁
* 中型→6～10 岁
* 大型→10～15 岁

高龄鸟
过了成熟期，身心变得稳定，对新事物不再感兴趣。平静度过每一天就很开心。
* 小型→8 岁以后
* 中型→10 岁以后
* 大型→15 岁以后

高血压很可怕吗

\#冷知识 \#血压

血压升高

 鹦鹉比人类血压高

或许你的主人在体检中被告知"血压高",全家都会为此紧张、焦虑。不过,你无须担心自己的血压。因为人类和鹦鹉的血压标准不同。如果以人类的血压为基准,鸟类确实是高血压,而且飞行的时候,血压还会升高。但鸟类的身体构造是完全可以承受这一血压的。不要胡思乱想了,我们的身体可没那么柔弱!

> **给主人的话**
>
> 虽然鹦鹉的血压较高,但也是有上限的。如果血压过高,真的会患上高血压病。最近听闻,鹦鹉也会和人类一样患上因不良生活习惯导致的疾病。

总感觉……很郁闷

\#冷知识　\#心理疾病

 也许是共情了主人的情绪

怎么了？有什么难过的事吗？如果想不出来，或许是因为主人不太开心吧！我们鹦鹉会对同伴的心情产生共鸣，不仅是幸福与喜悦，悲伤和恐惧也是如此。所以，如果主人心情低落，我们的情绪也会受影响，严重的甚至会诱发心理疾病。

> **给主人的话**
>
> 当觉得家里的鹦鹉没什么精神时，请主人先想一想自己最近有没有情绪低落吧。既然与鹦鹉一起生活，不如共同做一些开心的事情，一起度过快乐的时光。

不想离开家

\#冷知识　\#足不出笼

 不做"笼中鸟",解决"足不出笼"的问题

哎呀,那只鹦鹉好像变成了"宅家一族"。与人类一起生活的鹦鹉经常出现这个问题,因为和人类一起生活,行动范围和交流对象都有限。那要怎样才能解决"足不出笼"的问题呢?在主人的全力协助下,晒晒日光浴或和主人以外的人交流互动,接受新的刺激吧。如果什么都和以前一样,就不会有任何改变!

> **给主人的话**
>
> 鹦鹉变得"足不出笼",是由于行动范围和沟通交流受限、领地缩小导致的。据说人类也会这样。请提供日光浴和与其他人见面的机会,让鹦鹉受到新的刺激吧。

专栏

目标！健康鹦鹉的诀窍——日光浴

你每天都生活在阴暗的环境中吗？我们鹦鹉保持健康的秘诀就是每天晒日光浴。

日光浴的好处

- 通过紫外线的照射，在体内合成维生素 D3，帮助钙的吸收。
- 释放血清素和雌激素，调整激素平衡。
- 促进代谢。
- 抑制发情。
- 调整自律神经的平衡。

晒日光浴的诀窍

每天一次，每次 30 分钟以上！

标准是每天一次，每次 30 分钟以上。如果日光浴时间太短，可能无法获得好效果。窗户会削弱紫外线，所以请待在笼子里，在室外晒日光浴吧。

小心暴晒

虽说对健康有益，但如果在夏季暴晒可能会导致中暑。如果觉得热，就移动至阴凉处吧。

如果还有其他动物，请及时告知主人

在晒日光浴的时候，主人开着家里的窗户，可能会吸引其他动物。如果遇到危险，请一定要及时告诉主人。

以下两件事希望主人注意：1. 专心看护，以免鹦鹉被其他动物攻击；2. 不要忘记给鸟笼上锁。为了避免发生令人悲伤的事情，请时刻看好鹦鹉。

第六章 鹦鹉冷知识

# 鹦鹉能记住厕所的位置
#冷知识 #规矩

 教给鹦鹉的事它都能记住

没错,我们鹦鹉的智商之高世人皆知。但是,有的主人竟然认为"鹦鹉记不住厕所的位置",真是令人意外。我们鹦鹉很擅长记忆,虽然会有个体差异,但只要主人好好教,记住上厕所的地点并不难。只不过,鹦鹉原本就没有在固定地点排泄的概念。

> **给主人的话**
>
> 有些主人想让鹦鹉记住厕所的位置,但如果遇到困难,请相互体谅。为了让人类和鹦鹉能舒适地生活在一起,有时善用规矩很重要。

能和其他动物共处吗
\# 冷知识　\# 与其他动物友好相处

 也许会遭遇危险

其他动物是指狗或猫吧？有些鹦鹉好像是和它们共同生活的。我们鹦鹉和任何对象都能建立平等关系（p18）。但是，请你记住，对于狗和猫来说，鹦鹉原本是它们的猎物，它们可能因为某个原因突然发动攻击。因此，绝不能有"大家都是朋友，没问题"的轻敌心态。

> **给主人的话**
>
> 看到别人家的鹦鹉与狗或猫友好相处的视频或照片，主人会很羡慕吧。但是，悲剧也屡见不鲜。如果鹦鹉需要和其他动物一起生活，请务必多加留意。

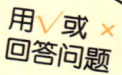

鹦鹉学测试 -后篇-

用√或×回答问题

答题之前，先复习第四章～第六章。
目标是满分！

第一题	鹦鹉的祖先是**恐龙**。	[ ]	→ 答案·讲解 p166
第二题	睡觉前，**磨一磨嘴巴，为明天作准备**。	[ ]	→ 答案·讲解 p106
第三题	鹦鹉的视野为 **360°**。	[ ]	→ 答案·讲解 p138
第四题	鹦鹉的排泄物分为**粪便**与**尿液**两种。	[ ]	→ 答案·讲解 p121
第五题	**摇头**是因为头痛。	[ ]	→ 答案·讲解 p94
第六题	鹦鹉是在白天活动的**昼行性**动物。	[ ]	→ 答案·讲解 P176
第七题	有些鹦鹉喜欢在地上**走**。	[ ]	→ 答案·讲解 p149
第八题	鹦鹉可以独自**外出**玩耍。	[ ]	→ 答案·讲解 p112

| 第九题 | 有些鹦鹉会变得"足不出笼"。 | [　] | → 答案・讲解 p182 |

| 第十题 | 鹦鹉不能闻精油。 | [　] | → 答案・讲解 p144 |

| 第十一题 | 鹦鹉只有一个胃。 | [　] | → 答案・讲解 p156 |

| 第十二题 | 鹦鹉进入叛逆期会变得易怒。 | [　] | → 答案・讲解 p178 |

| 第十三题 | 灰鹦鹉挖地板是在找宝藏。 | [　] | → 答案・讲解 p129 |

| 第十四题 | 鹦鹉没有耳朵。 | [　] | → 答案・讲解 p145 |

| 第十五题 | 天热的时候鹦鹉会展开翅膀散热。 | [　] | → 答案・讲解 p108 |

答对 11 ~ 15 题
太棒了！你简直是鹦鹉中的佼佼者。你也能成为鹦鹉老师啦！

答对 6 ~ 10 题
好可惜！只差一点点。再重新读一遍本书吧！

答对 0 ~ 5 题
我上课的时候，你都在睡觉吧？！
看这成绩就知道了……

索　引

心情
- # 爱 ············ 16
- # 伴侣 ············ 21
- # 察言观色 ············ 23
- # 对等 ············ 18
- # 分辨力 ············ 27
- # 高处 ············ 19
- # 好奇心 ············ 26
- # 好恶 ············ 28
- # 领地意识 ············ 20
- # 模仿 ············ 24
- # 说话 ············ 24
- # 相同的行动 ············ 22

叫声
- # 哔 ············ 39
- # 哔——哔 ············ 40
- # 唱歌 ············ 44
- # 嘎 ············ 37
- # 嘎—— ············ 38
- # 咕咕咕 ············ 34
- # 回应 ············ 42
- # 叽叽 ············ 33
- # 喀喀喀 ············ 35
- # 门铃声 ············ 46
- # 梦话 ············ 45
- # 模仿 ············ 46
- # 噼咯咯 ············ 32
- # 呜—— ············ 36
- # 自言自语 ············ 43

对人类
- # 安慰 ············ 58
- # 蹭尾部 ············ 48
- # 低头 ············ 47
- # 靠近嘴巴 ············ 53
- # 拉扯衣服 ············ 52
- # 你是唯一 ············ 56
- # 凝视 ············ 59
- # 偏心 ············ 56
- # 竖起尾羽 ············ 48
- # 咬人 ············ 54
- # 追着跑 ············ 50
- # 啄头发 ············ 51

 # 对鹦鹉
- # 聊天 ······ 62
- # 梳理羽毛 ······ 60
- # 喂食 ······ 63

 # 动作
- # 拔羽毛 ······ 88
- # 不出鸟笼 ······ 71
- # 不回鸟笼 ······ 86
- # 不睡觉 ······ 77
- # 捣乱 ······ 68
- # 假装洗澡 ······ 78
- # 脸上的毛炸起来 ······ 82
- # 拍动翅膀 ······ 75
- # 跑来跑去 ······ 79
- # 扔掉粪便 ······ 81
- # 扔掉玩具 ······ 73
- # 撒娇 ······ 66
- # 扇动翅膀 ······ 76
- # 上下摆动尾羽 ······ 74
- # 伸展身体 ······ 70
- # 耸起肩膀 ······ 85
- # 停在高处 ······ 84

- # 瞳孔缩小 ······ 80
- # 展开尾羽 ······ 87
- # 张嘴 ······ 67
- # 左右移动 ······ 72

 # 行动
- # 爱说话 ······ 135
- # 不说话 ······ 135
- # 产卵 ······ 126
- # 吃粪便 ······ 100
- # 打翻食物 ······ 118
- # 打哈欠 ······ 111
- # 打喷嚏 ······ 102
- # 单脚站立 ······ 97
- # 咕哩咕哩 ······ 106
- # 冠羽竖起 ······ 132
- # 晃动头部 ······ 94
- # 假装吃饭 ······ 99
- # 将纸撕成细条 ······ 130
- # 进入狭窄之地 ······ 123
- # 摩擦喙 ······ 105
- # 排出较大的粪便 ······ 122
- # 身体膨胀 ······ 98

189

\# 逃到屋外 ………… 112
\# 舔手 ………… 115
\# 瞳孔放大 ………… 114
\# 挖地板 ………… 129
\# 歪头 ………… 110
\# 玄凤鹦鹉的恐慌 … 134
\# 仰卧 ………… 131
\# 摇屁股 ………… 120
\# 咬衣服 ………… 119
\# 用喙戳一戳 ………… 107
\# 用喙敲击 ………… 104
\# 雨天就会很安静 ………… 103
\# 眨眼 ………… 116
\# 展开翅膀走路 ……… 96
\# 张开翅膀 ………… 108
\# 照镜子 ………… 128
\# 撞上窗户 ………… 124
\# 追逐尾羽 ………… 109
\# 总是睡觉 ………… 117
\# 钻进衣服里 ………… 95
\# 钻进纸巾盒 ………… 125

\# 身体
\# 辨别颜色 ………… 139
\# 掉羽毛 ………… 162
\# 骨骼 ………… 147
\# 喙 ………… 151
\# 肌肉男 ………… 146
\# 精油很危险 ………… 144
\# 空气仓库 ………… 148
\# 两个胃 ………… 156
\# 没有鼻子 ………… 142
\# 没有耳朵 ………… 145
\# 没有牙齿 ………… 155
\# 气味 ………… 143
\# 声音的大小 ………… 160
\# 食物偏好 ………… 152
\# 视力 ………… 138
\# 视野 ………… 138
\# 尾脂腺 ………… 158
\# 喜欢吃辣 ………… 153
\# 像头皮屑的东西 … 159
\# 烟很危险 ………… 144

\# 眼睑 …………… 140
\# 用爪子抓取食物 … 150
\# 正常体温 ………… 154
\# 走路 …………… 149

冷知识
\# 出生地 …………… 170
\# 规矩 …………… 184
\# 叛逆期 …………… 178
\# 群居 …………… 171
\# 寿命 …………… 172
\# 外观的差异 ……… 174
\# 心理疾病 ………… 181
\# 性别 …………… 173
\# 血压 …………… 180
\# 鹦鹉的种类 ……… 167
\# 与其他动物友好相处
　　…………… 185
\# 智商高 …………… 175
\# 昼行性 …………… 176
\# 足不出笼 ………… 182
\# 祖先 …………… 166

191

图书在版编目（CIP）数据

第一次养鹦鹉就懂它：鹦鹉行为图鉴 /（日）矶崎哲也主编；刘晓冉译. -- 海口：南海出版公司，2024.
10. -- ISBN 978-7-5735-1018-1

Ⅰ. S865.3
中国国家版本馆CIP数据核字第2024U2H643号

著作权合同登记号　图字：30-2024-155
TITLE：［インコがおしえるインコの本音］
BY：［朝日新聞出版］
Copyright © Asahi Shimbun Publications Inc., 2017
Original Japanese language edition published by Asahi Shimbun Publications Inc.
All rights reserved. No part of this book may be reproduced in any form without the written permission of the publisher.
Chinese translation rights arranged with Asahi Shimbun Publications Inc., Tokyo through NIPPAN IPS Co., Ltd.

本书由日本朝日新闻出版授权北京书中缘图书有限公司出品并由南海出版公司在中国范围内独家出版本书中文简体字版本。

DI-YI CI YANG YINGWU JIU DONG TA：YINGWU XINGWEI TUJIAN
第一次养鹦鹉就懂它：鹦鹉行为图鉴

策划制作：	北京书锦缘咨询有限公司
总 策 划：	陈　庆
策　　划：	姚　兰

主　　编：	［日］矶崎哲也
译　　者：	刘晓冉
责任编辑：	张　媛
排版设计：	柯秀翠
出版发行：	南海出版公司　电话：（0898）66568511（出版）　（0898）66350227（发行）
社　　址：	海南省海口市海秀中路51号星华大厦五楼　邮编：570206
电子信箱：	nhpublishing@163.com
经　　销：	新华书店
印　　刷：	昌昊伟业（天津）文化传媒有限公司
开　　本：	889毫米 × 1194毫米　1/32
印　　张：	6
字　　数：	147千
版　　次：	2024年10月第1版　2024年10月第1次印刷
书　　号：	ISBN 978-7-5735-1018-1
定　　价：	68.00元

南海版图书　　版权所有　　盗版必究